作 者 像

白馥兰（Francesca Bray），在法国巴黎和英国接受教育，在英国剑桥大学学习汉学与社会人类学，获学士、硕士和博士学位。曾在英国剑桥、法国巴黎和美国加州的高校任教，在相关研究所从事科学研究工作。现执教于英国爱丁堡大学。是李约瑟主编的《中国科技史》系列丛书《农业》卷（1984）的作者，主要研究领域有农业史、水稻社会、技术与性别等。

出版多种著作。代表作有《技术与性别：晚期帝制中国的权力经纬》（1997）、《技术、性别、历史——重新审视帝制中国的大转型》（2017）等，均有中译本出版。目前正与其他农学史家合作进行"农作物的流动及其历史刻度"项目的研究。

［法］金丝燕　董晓萍　主编
"跨文化研究"丛书（第三辑）

跨文化中国农学

［英］白馥兰（Francesca Bray）著

董晓萍 译

中国大百科全书出版社

2018年

图字：2017-10-7688

图书在版编目（CIP）数据

跨文化中国农学／（英）白馥兰 著；董晓萍 译.
—北京：中国大百科全书出版社，2017.11
（跨文化研究丛书）
书名原文：Chinese agronomy in Transcultural perspective
ISBN 978-7-5202-0201-5

Ⅰ．①跨… Ⅱ．①白… ②董… Ⅲ．①农学—研究—
中国—古代 Ⅳ．① S-092.2

中国版本图书馆 CIP 数据核字（2017）第 281106 号

项目统筹　郭银星
责任编辑　于淑敏　徐文静
封面设计　程　然
责任印制　魏　婷
出版发行　中国大百科全书出版社
地　　址　北京市阜成门北大街 17 号　　邮政编码　100037
电　　话　010-88390969
网　　址　http://www.ecph.com.cn
印　　刷　北京汇瑞嘉合文化发展有限公司
开　　本　787 毫米 ×1092 毫米　　1/32
印　　张　3.125
字　　数　48 千字
印　　次　2018 年 1 月第 1 版　2018 年 1 月第 1 次印刷
书　　号　ISBN 978-7-5202-0201-5
定　　价　26.00 元

教育部人文社会科学重点研究基地重大项目

"跨文化学理论与方法论"

（项目批准号：16JJD750006）

综合性研究成果

教育部人文社会科学重点研究基地

北京师范大学民俗典籍文字研究中心

资 助 出 版

总　序

　　本丛书属于教育部十三五规划"高校人文社会科学重点研究基地重大项目",由教育部人文社科重点研究基地北京师范大学民俗典籍文字研究中心承担执行。

　　跨文化学发端于北京大学,学科奠基人是乐黛云先生,乐先生同时也是我国比较文学专业的开创者,以往我国跨文化研究的成果也大都集中于这个领域。在法国,由新一代汉学家金丝燕教授领衔,已经开展跨文化研究多年。北京师范大学跨文化学学科建设之不同,在于将跨文化学由原来的比较文学研究向以中国文化为母体的多元文化研究全面推进,让这一世界前沿学说在中国本土扎根更牢,同时也让中国文化研究成果通过跨文化的桥梁与世界对话。这种学科的转向是经过长期准备的。

　　北京师范大学近年连续举办了"跨文化学研究生国际

课程班"一级平台教学课程，乐黛云先生、法国著名汉学家汪德迈先生、中国传统语言文字学家王宁先生和民俗学家董晓萍教授等联袂教学，将跨文化研究向传统语言文字学和民俗学等以使用中国思想材料为主的学科推进，促进多元文化研究与跨文化学建设的整体关联理论付诸实践。令人欣喜的是，此观点得到了加盟此项目的海外汉学家的一致响应，因此，这套丛书的性质，也可以说，是在这批中外教授的共同努力下，在他们以跨文化为视野和从中外不同角度研究中国文化的学术成就中，在经过中外师生对话的教学实践后，所精心提炼的一部分研究成果。

　　与开拓跨文化学学科一道，我们同步进行了跨文化学研究生的培养工作，此项工作得到了北京师范大学研究生院的大力支持。我们希望通过这种双向推进，为跨文化学理论和方法论的建设积跬步之力，同时也为中外高校跨文化学研究生的高级人才培养履行社会责任，希望这套丛书的出版能帮助我们接近这个目标。

"跨文化研究"丛书编辑委员会

2016 年 10 月 27 日

目　录

导 言 [1]

当前许多历史学家对谈论知识与实践的兴趣要大于讨论科学与技术，本书的重点是探讨科学与技术的重要性。

----

[1] 译者注：本书主要内容的英文版，曾以 "Science, technique, technology: passages between matter and knowledge in imperial Chinese agriculture" 为题，发表于《英国科学史杂志》（BJHS）2008 年第 41 卷第 3 期第 319-344 页（2008 年 9 月出版），中译文的题目为《科学、技艺、技术：中国农业科学从物质到知识的穿越》，发表于《北京师范大学学报》2015 年第 4 期第 84-104 页。英文原作者白馥兰教授（Professor Francesca Bray）自 2011 年起至今，先后受聘北京师范大学客座教授和名誉教授，并于 2015 年起应邀加盟欧亚著名汉学家与中国学者共同组成的"跨文化学研究生国际课程班"中外师资团队。作者曾从爱丁堡飞往北京，为研究生一级平台课程授课。本书是作者为这个研究生跨文化学系列课程提供的第一本教材。在本书出版前，作者为了方便研究生的学习，又在已发表英文论文的基础上做了以下改动：一是增加了书中的章节标题，以利研究生掌握要点；二是扩充了主要参考书目，以利研究生进一步学习；同时译者配合作者对中译文做了全面修改。相信本书经过这次补充修改后面世，不仅适合人文社会科学专业的研究生学习，也会适合从事科技史专业的中国同行阅读，还有可能提高广大社会爱好者从跨文化的角度了解中国优秀农业（转下页）

作者重新界定科学、技艺和技术三个概念，在正确理解其概念内涵的基础上，以此三个概念为工具，分析中国宋元明清社会的农业生产生活，阐述政府官员、地主、农民和工匠的群体贡献，指出中国的农业和农学在中国农政管理的大系统中成为国家科学和治国之本，同时揭示在其知识的生产与再生产的过程中，所蕴藏的从物质穿越到知识的历史经验和知识系统。在研究方法上，将严格筛选不同时期的农书为个案，对其文本原文和刻印插图开展比较研究，提取其中被从不同角度看待的自然知识、技术知识、发明与传播的要素进行解释，指出其文化期待，也说明现代科技发展与兼容地方文化多样性的必要性。这一方向上的研究成果能够增进我们对科学与规律的理解，而它不仅存在于中国，也普遍存在于人类社会的前现代化时期之中。

（接上页）文明的兴趣。最后，关于本书的出版，译者要郑重感谢白馥兰教授的大力支持、充分信任和多年帮助。译者还要感谢在翻译科技史术语时给予指点的中国科学院著名科技史学者张柏春先生，感谢《北京师范大学学报》蒋重跃主编和宋媛责编在首次发表中译文时所展现的开放前瞻的学术著作视野和所提供的跨文化对话空间，感谢中国大百科全书出版社社科学术著作分社郭银星社长为本书出版付出的辛劳。

李约瑟的中国科技史观

本节要讨论的问题是：中国农业科学知识及其木版平面插图是怎样流传的？这种知识被反复物质化之后，在成为具体的人工物被投入使用之后，又是怎样被证明可以成功的？本书拟揭示这一过程的历史形态，并指出其中的许多农业新知识是怎样在解决危机中诞生的，最后简要讨论中国的农业科学知识在物质化的实践活动中，在一种包容多元文化要素的体系中，所形成的超时空的阐释框架，正是这种框架稳定和发展了中国的农业科学。

一、对李约瑟主编《中国科学技术史》的不同意见

李约瑟（Joseph Needham）1954 年出版了《中国科学技

术史》的系列著作，但这套书自出版伊始就饱受质疑。有
的学者认为，李约瑟用这种方法研究科技史，会使科学界
对理论与应用技术之间关系产生误解，因为李约瑟在书中
并未使用当时通行的"纯"科学（如数学、物理、化学和
生物学等）的概念为中国科技史分类，而是从中国文献的
角度出发，重新对科技史分类、划分卷帙和命名。李约瑟
的总体编撰体例是，将具体科学门类与具体实用技术相对
应，建立了一套编写中国科技史的新模式，这个模式与欧
洲科技史的编写模式是有区别的。比如，与李约瑟同时代
的很多学者都认为，理论物理中的磁学与民用建筑中的实
用技艺是两码事，但李约瑟却将两者放在一起，编成第四
卷《物理学及相关技术》，这是他们所不能接受的。当然批
评李约瑟的学者也有不同的观点，其中，林恩·怀特（Lynn
White）的反对态度尤为激烈，他认为，李约瑟的这种阐释
框架，以固定的科学门类去对应某种实用的技艺，实际上夸
大了中国前现代化时期的技术发明和科学成绩的地位。❶

李约瑟对中国科技史的研究方法出自他的一个基本思

---

❶ Lynn White Jr. 'Symposium on Joseph Needham's Science and Civilisation in China ', Isis (1984), 75, 715–725.

想，即在科技史形成的实际过程中，科学与技术、理论知识与工匠技艺是两个互动的范畴，他为此创造了一个将思想观念和物化实体共同表达的叙述策略。❶ 他的总体观点是，在自然界与人类社会的关系中，原本存在着所谓"纯"理论与"实用"科学之间的日常联系，他本人和他所率领的中国科技史研究项目组正是要揭示这种联系，而且还要对其中做出重要贡献的社会群体做出评价。

李约瑟同时期还出版了另一本书《中国和西方的御史与工匠——科技史演讲集》，也产生了较大的影响。❷ 他在书中指出，在中国古代历史上，政府管理与工匠生产的互动，产生了大量的技艺发明。他还认为，中国宋元以后，在科技史的发展上，由于理学的束缚和官僚政治体系的僵化，技艺发明的势头下降，官员尊重工匠知识的程度也大不如前。明清以后，中国的学术知识被集权统治集团价值化，与以往崇尚务实的国家思想体系发生了断裂。在这种

❶ 在将思想观念和物化实体共同表述的叙述策略上，李约瑟曾谈到受到埃德加·齐尔赛尔（Edgar Zilsel）的重要启发，详见 J. Needham, 'Preface', in The Social Origins of Modern Science, E. Zilsel (ed. Diederick Raven, W. Krohn and R. S. Cohen), Dordrecht and Boston, 2000, pp. xi–xiv.

❷ Joseph Needham, Clerks and Craftsmen in China and the West: Lectures and Addresses on the History of Science and Technology, Cambridge, 1967.

价值观的支配下，以打造物质世界为主的工匠技艺受到阻滞。将中国社会的上层统治规范、知识范畴与物质化的实践活动加以综合分析，可以勾画出各种不同的关系图式，围绕这个图式形成的史料也相当丰富，阅读和研究这些史料，学者将对中国农业科学的发展状况有深入的了解。

与西方自然科技史的表述模式相比，中国文献对于自然知识的含义、作用和核心范畴的表述模式是大有差异的。但是，从近期研究成果看，中国文献的表述，以及中国政府在生产和传播农业科技知识中使用的新词语，在发明知识的过程中鼓励各地制作相应农器具的切实举措与在推动各类农具的应用实践上，都曾发挥重要的作用。在政府管理农业科技的主要领域，如天象和水文等，中国文献及其术语所起的作用还相当明显。❶

西方新科学批评史也有针对李约瑟的不同声音，他们说李约瑟的假设过于草率，所使用的概念比较随意，不如西方同行在同类著作中使用概念时那么慎重。但是，事实上，中国文献记载和撰写它们的中国史学家们，更喜欢使用的概念却是知识与实践，而不是科学与技术。

---

❶　近年在这方面出版了不少研究著作，其中不乏颇有新见之作，例如：B. A. Elman, *On Their Own Terms: Science in China, 1550–1900*, Cambridge, MA, 2005.

　　针对这类争论的问题，以下将重点讨论一些相关工作的价值，包括重新界定科学、技艺和技术的概念等。我的工作方法是，先厘清上述概念的原意，再将这些概念作为工具，在一个相对明确的范围内展开研究，分析中国社会宋元以后的政府作为与工匠活动。

二、阐述策略

　　本书的阐述策略，是从研究目标出发，重新界定"科学、技艺、技术"三个概念，然后解释在知识的生产与再生产过程中发生的、穿越物质与知识的活动流。❶

---

❶　马林诺夫斯基曾对"巫术""宗教"与"科学"三个概念加以革命性的界定，我认为，在此对"科学""技艺"和"技术"三个概念的重新界定，可以进一步揭示马林诺夫斯基三个概念的内部逻辑联系，事实上这种联系存藏于所有人类社会中。参见马林诺夫斯基（B. Malinowski），*Magic, Science and Religion and Other Essays*, London, 1925. 译者注：作者所说此文，原为马林诺夫斯基的一篇论文，曾被收入李约瑟主编《科学、宗教与现实》（*Science Religion and Reality*）一书，由英国麦克米伦出版公司（The Macmillan Publishing Company）于 1925 年出版。有中译本，李安宅译，李译本将马林诺夫斯基此文与另一个单行本《原始心理中的神话》（*Myth in primitive psychology*）合并为一本小册子于 1935 年出版，名为《巫术、科学、宗教与神话》，现有中国民间文艺出版社 1986 年的再版本。

（一）科学、技艺和技术的概念

科学（science），指采用宣布、颁发和传播的形式，传达有关自然物与人工物加工利用过程的知识、知识发布的目的和所要标志的某种权威性，保证被推广的对象能够超时空的存在。

技艺（technique），指熟练的手工劳动技能。工匠通过这种技能，将特定知识渗透到物化实体中去，制成手工产品，再通过所制成的手工产品，将知识与物质的意义整体体现出来。

技术（technology），指从社会到物质的操作网络或运行系统，包括技术设备和场所，训练有素的工人，相应的原材料、知识与制度，等等。在这个系统的网络或系统的定义群中，"技术"的概念可以引发两个值得关注的问题：一是物化技术产品与社会的关系模式，二是"科学"知识的生产与再生产。那么"技术"的作用又是什么呢？就是针对这两个问题，提供可视化的参考答案，这就是"技术"对"科学"的贡献。

通过对以上三个概念的再界定，我们会发现，科学、技艺和技术的分别活动，在知识生产的有机过程中，在生产的不同阶段，三者大体上接近于互相"链接"的某种效果。

（二）农业、中国农业与农业科学

本书讨论的个案是中国农业。农业是经过前现代化社会穿越到现代化社会的物质化活动。农业以物质化的明显形态，介入知识，并由知识构成其支配性部分，扎根在社会网络或社会系统中，再对知识、技术与实践活动产生作用。中国历代政府的入世与主政，正是从此点切入的。政府由此制定国策，颁发农业法令，记载和传播农业技术信息，投资农业基础设施建设，改进农耕技术能力，指导各地农业生产活动。

一般地说，在现代科学领域，农业并不被看作是科学，而是被视为科学赖以形成的某种基础和生产活动过程。在现代通用的科技术语中，技术，被界定为某种科学的实用知识。按照这个逻辑，农业之"农"便归入自然科技史领域，或者被具体地归入"生物学技术"领域。[1] 但

---

[1] See the title page of F. Bray, *Science and Civilisation in China, Volume VI: Agriculture,* Cambridge, 1984, p. v.

是，也正如西方史学家们所意识到的，如果可以把科技视为自身所处时代的主要知识领域，那么中国宋元社会以后的农业归类，就同样应该归入中国人自我认同的科学领域之内。中国是一个拥有漫长农业社会历史的农业国家，中国地主向农民出租土地和向政府缴纳赋税，土地就是他们的生计来源，土地的收成就是他们的财富来源。因此，中国农业还不仅仅是一种物化活动，而且同时也是政府实行社会管理和伦理思想统治的基础。中国人本身对农业的界定，是将农业视为立国之"本"和兴国之"基"的。在这个农业国家中，政府管理目标与统治者的统治目标高度契合。而且无论政府和民间，都视农业为一种科学，也是一种权力。

（三）中国农业文献的性质与特征

中国农业文献相当丰富，从古代社会流传至今，现在还很容易查到。但是，中国的农业文献属于哪种知识门类？哪个阶级的农业知识被刻印成书籍，并留传后世？什么样的农业图景能溯源至两千多年前的历史，还能反映出本地农业与外地农业的差异？农业生产是一种不可能将知识与使用知识的技术剥离开来的物化活动，所以农业知识和农业技术也就不会是政府管理的中立地带。中国历代政府都奉行农政化的国策，农政的治绩一直是稳定中国社会秩序的手段。中国农政管理在生产知识、物质产品和社会关系三方面，都构成一个交叉互渗的、完整丰富的个案。然而，这些个案又怎样被收入历代农书？又如何经过知识阶层的撰写，经过政府官员和地主乡绅的加工，沉淀到农民之中？对这些问题还都需要讨论。

本书分析中国农业社会的知识结构及其强势传承，重点使用以上界定的科学、技艺和技术的概念，对前面提到的各要素之间的关系，进行更明确的阐释。对于下面将要讨论的个案，我会严格地加以筛选，然后利用这种个案进行论证。我的目标是，指出它们怎样被知识赋形和转为物质化的结果？那些不同角色的小群体怎样发明了这些知识？这些知识又怎样被解释和被文献化？再被反复地创造与共享？我还要讨论的是，中国的大型农机具三点悬挂式加宽农具，是怎样被转化为平面插图的？诸如此类的问题都值得研究。

我还要强调的问题是，中国农业科学已找到了自己的"被固定的变动"（immutable mobile）和"硬化的事实"（hardening the facts），摸索出适合自身条件的途径、发展程度与要素，并将中国人所发明创造的农业知识写入农书中，给予推广和应用。这些农业知识在两千余年的漫长历史中，在中国广袤的土地、沙漠、森林、水旱田内和各地灌渠中，在千样百种的地形地貌环境中，被政府和民间超时空地加以应用，用来处理纷纭复杂的农事，最终使中国农业得到连续发展。

三、问题框架

在开始正式讨论之前，我准备提出几个带有共性的问题，例如，知识与物质的关系、知识与权力的关系等，它们都是近年自然科技史研究中的热点问题。

我使用现代农业科学常用的插图法，对所讨论的对象进行说明；同时帮助读者从身边熟悉的事物中，走进被科学家设定的科学、技艺和技术的概念。

我要比较集中地讨论科学、技艺和技术之间的知识流动问题，主要针对从物质到知识之间的穿越现象加以分析。

　　我关注中国农书的形成过程，在分析这一过程时，对芬伯格（A. Feenberg）所说的"内码"（codes）问题加以审视，重点分析中国农书本身所传达的内容。我还会使用拉图尔（B. Latour）的"被固定的变动"与"硬化的事实"两个概念，将它们放到中国农书研究中加以适当地运用，考察它们所呈现出来的具体意义。

　　最后，我对科学、技艺和技术与中国宋元社会的关系，以及与宋元社会以后的历史时期的关系，进行总体阐释。❶

---

❶　A. Feenberg, *Questioning Technology*, London, 1999; B. Latour, *Science in Action*, Cambridge, MA, 1987. 译者注：作者在这段阐述中化用了拉图尔（B. Latour）的两个概念"immutable mobile"和"hardening the facts"，这两个概念在本书中十分关键，原作者曾贯穿全文使用多次，译者尽量将原作者本人的实际意思在中译本中传达出来。对这类自然科技史术语的翻译，译者曾得到中国科学院自然科学史研究所张柏春研究员及其团队的帮助，在此郑重致谢。关于拉图尔的概念的翻译，张柏春采纳专攻此方向的高璐博士的意见，指出，"immutable mobiles"最早出现在《科学在行动》（*Science in Action*）中，被译为"不可变的移动体"，但这种译法没有完全表达拉图尔的原意，拉图尔想要表达的是，行动者网络通过其结构将某种属性固定住，形成本质（entity）的过程，这一过程也被描述为黑箱化过程。在黑箱化之后，人们对网络中的"不变的可变性"便不再存在质疑，乐于接受，所以更好的译法为"被固定的流变"（2014年4月8日张柏春的回信）。译者吸收以上意见，同时根据本书的上下文的讨论对象，将"流变"改译为"变动"，最后这两个概念译为："被固定的变动"（immutable mobile）和"硬化的事实"（hardening the facts），以更符合原作者化用拉图尔的概念的用意。

科学、技艺与技术

李约瑟主编《中国科学技术史》丛书的解释框架，是将自然知识分成两类：一类是知识或科学的理论，一类是知识或科学的应用与在应用中产生的知识和技术的联系。对知识或科学的理论研究，可以用普法芬伯格（B. Pfaffenberger）的科学技术"一体化"的观点去概括[1]，换句话说，它是知识与物质关系的一种表达方式；或者是一种基本思维定式。按照这个定式，知识或科学的理论研究，与 19 世纪兴起的学院派的自然科学、工科和工业的崛起，是两条不同的平行线。但是，以"当下"的自然科学史派的眼光看，普法芬伯格的定义已缺乏说服

---

[1] B. Pfaffenberger, '*Social anthropology of technology* ', *Annual Review of Anthropology* (1992), 21, 491–516; 493–495.

力，可是科学技术"一体化"的思想仍然存在于科学家、教育家和公众的表述中。这里暂不谈它的副作用，仅就它还在发生的作用看，它所传递的知识活动流的观点，还在向人们提供一定的历史知识，反映人类将观念赋予物质实体的历程，这是显而易见的。

一、科学技术的生产模式

科学技术"一体化"的观点，虽然将科学理论与科学应用分开了，但科学理论也的确为自然知识提供了研究成果，并从纷繁复杂的现象中抽绎出规律，这种规律又上升到以往被认同的具体事物之上，获得独立纯粹的形态，形成了研究的精华。它所存在的问题是，如果作为科学理论研究对象的自然物，被转为高级的思想，成为抽象的语言或数据的形式，变为普遍的法则，那么，技术又是什么呢？技术成了对科学理论所创造出来的普遍法则的验证手段。技术还要将科学理论应用到物质对象中，将从具体现象中抽取的普遍法则还原到具体世界中，使世界按照人们的需求去构建，使之变得更加有序、高产和方便快捷。科学家正是这种科学理论的生产者。科学家的生产流水线搭建在科学理论与应用技术之间，或者说搭建在实验室与工厂之间。

但是，这种科学技术一体化的生产模式，对于前现代化时期的被认同的具体事物，以及那时被具体赋形的物质实体所传达的地方知识，是没有任何理论解释作用的，也不会产生实践指导意义。前现代化时期的物质生产活动及其物质产品，是被"手工业"或手工业"技能"等术语加以表示的。它们是将地方知识渗透到"技艺"中的社会行动，这种"技艺"的社会系统，从性质上说，不是科学理论指导的结果，而是根据地方风俗和地方知识将自然物加工为人工物的集体活动。这种"技艺"的生产模式是类型化的，同时也因为工匠要按照自然物所固有的多种形态去从事加工制作，其生产工序也具有多样性。❶

对科学理论来说，技艺是一个让人烦恼的存在。在现代化社会中，将科学技术与工匠技艺相比，实际上，科学技术更容易让人理解，让人感到更符合逻辑，更乐于接

❶ See, for example, P. Lemonnier (ed.), *Technological Choices: Transformation in Material Cultures since the Neolithic*, London, 1993.

受。对现代人的这种认识，在此需要指出两点：一是在现代化时期，在工业化的生产中，在具体物质产品的制作活动中，在处理知识与物质的关系上，人们在改造和利用前现代化时期的技艺方面，提高了自觉性；二是在现代化工业设计中，按照统一生产流水线的标准，对手工技艺因地制宜地处理不规则自然物的灵活生产模式是排斥的，其目的是维护大机器工业的生产体系。现代化科技生产被理解为彻底排除多样化处理工艺环节的生产活动；这种生产的核心组织工作是调动全部生产者的精神注意力，手不过是附带之物，偶尔一用而已；就连科学家做实验的手也是附带的。对于不能不用手的手工技艺生产模式来说，这就是一道坎，因为它的创造性和发明过程都在手上。

二、技艺的生产模式

近年发生的一个新转变，是技艺的生产模式受到关注。一些学者提出，应该将科学技术的生产模式与技艺的生产模式做综合研究。有的学者采取多元视角考察这两种知识与物质发生联系的实践活动，历史学者、民俗学者、人类学者和社会学者也纷纷前来加盟。他们都将科学（至少是文艺复兴前已出现的科学）看作一种物质化的社会活动。

从研究技艺生产模式的方面看，在技艺生产的物质化的社会活动中，自然物本身的物质性，与观察自然物的物质性，两者都赋予了手工产品以知识的本质。在技艺生产的过程中，工匠将个性化操作技能与技艺生产的类型化模式相结合，创造出无数精美的个案，展现了这种知识生产被反复构建的基本要素。这些基本要素在工艺制作的工序中被工匠运用，成为展现技艺的模式，同时也成为承载工匠的个性化体验与手工产品的物质化知识本质的关键。

技艺生产模式的核心动力，不在于器具而在于人，是人的知识形态和文化价值观左右了工匠对具体物质的加工制作。

前面提到的理论研究与工业流水线的平行关系，是为学院派量身定做的科技观，按照这种科技观进行实践，现代工业流水线就要对差异性很大的技艺生产模式做出调整，去除来自大自然的粗糙原材料所携带的无法定制的特点，如此生产出来的产品都是千篇一律的，这就是这种科技观的顽症。

三、科技史研究的新方法

现在我们已经认识到这种工业化科技观的缺失，于是我们就应该提出下一个问题：是否需要提出科技史研究的新方法❶？这一问题的实质是对"科学"与"技艺"为何物展开反思。实际上，科学不仅仅是关于物质的知识，还应该是关于从物质到知识的整个穿越过程的知识。技艺，也不仅仅是展现手艺生产的能力，还应该是辩证地运用物质与知识关系的一种中介知识。了解了这一点，我们才能深入科学理论与工业技术问题的内部，自下而上地认识这两个领域的研究交叉点。

（一）关注技术的社会活动

近年发生的另一个新转变，是自然科学史和技术社会学取得一定的共识。双方都认为，不能把科学发明仅仅看作是某个天才的专利，而且要认识到这是一场更大范围内的社会沟通活动。技术社会学对发明与社会沟通

---

❶ For instance J. S. Staudenmaier, SJ, *Technology's Storytellers: Reweaving the Human Fabric*, Cambridge, MA, 1985, 103 ff; M. Akrich, '*A gazogene in Costa Rica: an experiment in techo-sociology* ', in Lemonnier, op. cit. (9), 289–337.

的概念做了如下区分：比如，你的花房出了问题，你发明了解决的办法，你个人很高兴。但这个办法一旦被社会采纳，你的发明就可能被载入史册，让社会为之称奇。同理，一项科技发明的出现，或者一个新理论的产生，都不能简单地归结为这类新事物自身的完美无瑕，还要考虑到公共发布与社会系统的重要作用。任何发明从产生伊始，就需要说服同行科技专家，向他们证明新发明的功能及其有效性，还要将之转化为一套新知识，送入相应的传播渠道，扩大其社会影响，进入近年所强调的科技发明文献化的环节，再被投入社会运行网络，获得大规模的科技转化，直至最后形成福柯所说的政府行为和技术权力。总之，任何科技发明要产生社会效益，就不能不与人打交道，不能不为科技发明建立社会功能。从科学家本身来说，要使某种科学新知识合法化，同样不能将这种新知识局限在自身的学术圈内，还要通过公共发布的形式，将新知识传递出去。科学家们还要向有意采用科技新产品的部门证明，这类科技新知识已经通过检验，达到了较高的标准，能够在激烈的市场竞争中胜出，纳入常规农业生产系统操作，可以获得某权威机构代言的权力，然后才能投入推广应用。

（二）文本法与绘图法

现代化工业社会的科技生产活动与前现代化社会的技艺生产活动是平等的。从这个视角出发，我将选择文本的（textually）与平面绘图的（graphically）两种资料进行考察，指出科技生产与技艺生产两种知识在中国文献中描述的方法，我也会将这两种资料对照和互看，综合分析它们所传达的中国人眼中的科学知识的内涵。从科技史文献化的过程来看，一种科学知识产生后，经常是通过被转成某种技术术语、技艺用语、行业用语和绘图的方式，被内码化之后，才能变成具体知识，被投入操作系统。

（三）从个体到社会化的过程要素

科学理论和科技应用成果的说服力，来自它们自身的超时空生存能力，也来自它们自身的兼容能力。科技知识的生产与再生产，从书面文献化到科学技术"一体化"，再到具体条件下的物化实体的加工制作，都是过程化的历程。经历了这些过程，新的科技发明和它携带的科学新知识才能具备多种适应性，才能获得超越它们被发明的最初阶段的时空特点，在更普遍的意义上被接受和被应用，这就是拉图尔所谓的"被固定的变动"。他要强调的是，任何科技发明或创新事物，经过动态的变化，在适应能力上蜕变更新，具备了超时空的传承形态，才能达到"被硬化的事实"的程度。各种在大自然中产生的、未经加工的、材质不均的原材料，其七棱八角、千样百种的个性，久而久之就会被削平，变成可控的实体，这样才能被投入规模化的生产。❶

科学知识的力量，一方面，依赖于它适应各种条件的自身变化能力，取决于它兼容其他要素的吸纳能力，以此呈现记载它的科技文献的有效性；另一方面，依赖于它转化为物质生产形态后的厚度与密度，以及它扎根于社会系统的容量。具备这两方面，它才具有推广应用的稳定性。

科学家们的说服活动能扩大他们工作的社会空间。在这个空间中，科学家们对那些被边缘化、但比较重要的问题重新审视，同时也关注科技与社会沟通的网络密

---

❶ B. Latour, '*Visualization and cognition: thinking with eyes and hands*', *Knowledge and Society: Studies in the Sociology of Culture Past and Present* (1986), 6, 1-40, 17.

度、持久性、制度化人群和物质赞助者等各种因素的作用，将之纳入视野，展开综合评估。前面多次提到的科学技术"一体化"观，也一直在提醒我们，技术依然在"应用"科学知识。实际上，众所周知，无论是在前现代化时期还是现代化时期，技术的本质都是"改造"物质世界的形式，技术的实践确立了应用科学的地位。科学知识之所以具有普遍意义，是因为技术将科学知识物质化，再将形形色色的自然物质按统一标准格式化，产生知识与物质实体一体化的科技产品，促进了科学知识的新循环。正是在这种技术应用的过程中，生产出纯净的化合物、精密的合金和鲁班尺之类的技艺工具，并使它们获得了社会认同的新功能。

（四）科技生产与技艺生产的关系再评估

在科学发明转化为技术应用后，世界各地都会按照统一模式管理科技生产和组织规模化生产活动，按照固定形状和标准尺寸组装新产品，这是早期的情况。近年来的研究表明，在现代化时期，科技生产与技艺生产的关系被重新评估，人们需要对科学知识、科技制度、人工物、工匠技艺与日常生产实践等要素给予重新认识，

对科技生产与技艺生产两种模式进行整合，使科技与技艺知识系统得到全面发展。❶

现在讨论芬伯格（A. Feenberg）的技术"内码"的概念。技术是一个物质化的生产活动系统，又分为隐性的知识与显性的科学，两者都对自然物的社会化起到一定作用，主要是对技术产品进行文化价值编码。芬伯格曾举过19世纪工业化机器生产的一个例子：按当时的规定，可能允许使用童工，但如果对当时的工厂产品进行文化价值编码，就要对使用童工的社会合法性进行说明。❷另一个例子是计算农业生产效益的方法。大家知道，玉米属于大宗农作物，计算玉米产量的简易方法是计算其亩产量，这种简易的农业生产"效益"评估方法，后来演化成一种中介性的评估系统，并被应用到其他农作物的生产效益评估领域。按照这种方法评估，美国艾奥瓦州种植的玉米就比墨西哥种植的玉米更有效益。到了现

---

❶ A good example is S. Traweek, '*Kokusai, gaiatsu and bachigai: Japanese physicists' strategies for moving into the international political economy of science*', in *Naked Science: Anthropological Inquiry into Boundaries, Power and Knowledge* (ed. L. Nader), London, 1996, 174–197.

❷ A. Feinberg, op. cit. (7), 85.

代化工业社会，评估农业生产效益的方法又有了新变化，主要是纳入现代社会的影响因子，如环境污染程度或化肥使用量；评估系统的权重系数也在增加，包括农作物的多样化、最佳农场规模、农工雇用数量或农工低保标准、农业补贴、国家出口政策，与农民在社会经济发展中的作用等。在这套新的评估系统中，对农业技术的评估明显增加了政治维度和社会运行维度，并已在现代社会中加以应用。

农业生产是一种技术活动，在一般情况下，农业生产领域很容易认同某种政治利益或社会利益。在诸种利益背后，是对所谓"良性实践"或"良性科学"的界定。"科学"化的农业生产模式发生于英国，时间大约在18世纪晚期，当时人们认识的科学知识与应用技术的要素包括：地主的行为、地主占有土地的条件、地主受教育的程度、相对繁荣的租客现象、新排水系统的建立、保持土壤地力的方法、引进玉米喷灌、精养牲畜必备的物质条件，与争取经费资助的途径等。与地主相比，小农阶级是无法承担这些生产条件的，因此小农阶级不能组织有效的抵抗行动，没有提出其他竞争方案。

在后来的一段时间里，农业科学吸收了资本主义经济学的逻辑，追求农作物的高产化和商业利润。至19世纪中叶，工业化农业开始发展，取代人力耕作，生产方式发生了改变，农产品供需模式也相应发生了变化。农民在地广人稀的平原上耕作，打下的粮食要满足世界市场的需求。英国在19世纪中叶还出现了剪刀差农业，农民作为贵族牟利的对象被内码化；国家政府也从制度上将工商业内码化，这就使英国农业增加了商业盈利的筹码。❶到了19世纪末，英国的工业化农业已形成庞大的国际生产销售链，拥有世界范围内的市场化铁路、航运、电报电缆、工场车间、农业机械商、肥料商、商业种子公司、土地认证协会、农学院、农业实验站和农业科学学会等，构成了一个农业共同体。

这种"良性实践"或"良性科学"距离农业科学的实际目标究竟有多远？我们说，拉图尔的"被固定的变动"理论提供了一种可供分析的框架。它促使我们思考，

---

❶ J. R. Kloppenberg, First the Seed: *The Political Economy of Plant Biotechnology, 1492–2000*, Cambridge, 1988; F. Bray, '*Genetically modified foods: shared risk and global action* ', in *Revising Risk*: *Health Inequality and Shifting Perceptions of Danger and Blame* (ed. B. H. Harthorn and L. Oaks), Boulder, CO, 2003, 185–207; J. Harwood, Technology's Dilemma, London, 2005.

农业科技生产是怎样变成凌驾于人类生活之上的强势活动的？它还让我们思考，被恣意推广的科技知识会面临怎样的社会挑战？

现代农业科技文献（包括文字的和物质形态的）的有用性已得到承认。在现代农业科学系统中，还加入了有机化学、生物遗传学、土壤科学和近期热门的分子生物学等诸科学，扩大了联盟的范围。从实验室和实验田里产生的科学知识，被研发为系列技术产品（如杂交良种、作物轮耕、施用化肥和水利灌溉的方法等），全世界的农民都已被告知需要使用这些产品。农业共同体结构被一再扩大，吸引了农学院、全球贸易网络、国际债券代理中介机构和发展中国家的政府部门的参与。越来越多的科学家被农业企业雇佣，为他们提供服务。

现代化农业科技有将多元农业生产模式统一化的趋势，但事实上，各国农业生产和地方化的农业活动在频繁地发生变动和进行内部调整，连那些被固化的农业科学文献和被硬化的事实也不乏变动。我们可以发现，在全球气候与土壤环境变化的条件下，统一化农业显露出脆弱性，相反，多元化农业或地方性农业却表现出灵活的适应性与生命的活力，这种反差发人深思。在科学实验室的窗外，统一化农业都面临着重重危机，需要根据具体情况作出具体调整，连所谓科学技术一体化的理论也要改变，增加灵活性。当然，从另一方面看，各国政府多年推广的统一化农业已使农业生态与社会环境发生变化，减少了地方改革的概率，而与此同时一体化农业生产的失败个案也被戏剧化地爆出，个别被强力推广的科技项目（或物质化的实践活动规则）其结果是适得其反；有的个案证明，某种科学理论和技术应用只在某种条件下才有用，绝非普遍有效。

科技发明的目标是延伸或增加人类的能力，如犁铧延长了人类的手臂，计算器成为人类大脑的好帮手，但随之而来的统一化现象也令人始料不及：室内变得比室外还凉快；农业的季节性生产（包括贮藏与加工）变为破季生产和全年供应，突破了大自然的限定与节奏。现代化农业变成大型的、集约化、平面化的农业，当推土机和光控设备从我们的眼前呼啸而过时，参差不齐的地块瞬间就被整形为大片规整的农田，灌溉与收获一体化联营获得广泛实施。农机具的使用范围被改变，单一作物被大面积地种植。然而不无讽刺的是，就在单一作物生长的地方，仍有多样化的地方性栽培方式被保留。工业化的科技生产（包括生产程序和意识形态的内码化）被指责为将世界原料、生产过程和农产品统一化的帮凶，并为此背负恶名。

现代化农业将大自然的时空分布差异性降到最低点。它实行标准化的时间管理，以种植玉米为例，现代化农业会对每块玉米地同一型号品种的播种、喷灌或浇水、收割等各阶段按照统一的时间表进行管控。是否保留传统耕作方式或修改新方案要以年度为单位讨论，或者在收获草莓的时节才能考虑。它也实行标准化的空间管理：山地修整按规定的水平线整理成坡地；沼泽湿地的积水要一律排干；沙漠里要灌溉到能开出鲜花。技术肆无忌惮地施展强势，要求对不同地方的人文景观和气候条件进行统一改革。在美国的艾奥瓦州，种植玉米的决策、政府的财政和能源投入水平等，都是在这种情况下做出的决定。当然艾奥瓦州也收获了一定的效益，其玉米种植量超过了阿拉斯加。但阿拉斯加日照时间短，现代科技并不能所向披靡地扫荡所有地块，所以阿拉斯加农业还要求助于随机应变的传统农耕方式进行因地制宜的耕种。

我们应该承认，现代化农业在推广农业科学知识和现代技术上取得了成绩，对人类最初应付各种自然条件所积累的整体能力进行了检验，还促使其转化为"硬化的事实"。现代实验室推出的许多新技术产品，将过去人们不喜欢的自然条件和自然物予以改变，实现了人们难以实现的梦想，这些都是在缺乏现代科技条件和发展水平的以往时代做不到的。

将现代农业科技进一步纳入社会系统来考察，便会发现，科技改造以往不可改变的事物的运作，借助社会网络的力量，已变得越来越容易得手，在农业领域尤其如此。前面谈到过18世纪英国实行的科学农业，当时还强调，将科学知识和科技产品的内码化系统延伸到经济领域，并制定政策措施一体化，这对于与土地和成本关联紧密的农民来说，意味着农业统一化生产的范围越大，商业获利就越多，相应地小农和小农场的生产模式就势必会萎缩。在较早实行这种统一化农业生产的国家，如英国、美国和加拿大，所产生的后果都是一样的：小农场被弱化，小农被迫在统一化的大农业与小农场的旧系统之间做出选择，并被迫寻求建立适应性机制的新途径，探索重建小农场农业的可能性。印度和法国的情况有所不同，它们的小农场主掌握了识别现代科技产品显性内码的方法，能够辨别杂交种子或转基因产品，对统一化农业提出了挑战。小农场主的利益赢得了社会公众的广泛关注和支持，社会各界纷纷呼吁政府保护小农场主的权益，迫使政府承担责任，在引进新技术时减少头脑发热的冲动。❶ 除了玉米，在稻作生产和牲畜饲养方面，也需要反思良性科技或不良科学技术的影响，根据本国或本地的实际情况，考察使用科技生产模式的实际效益。

现在人们已经逐渐认识到，在任何社会内部，那些已获得阶级和利益群体认同，并获得广泛共享的文化价值观与制度形态，都是"被固定的变动"与"硬化的事实"。从原则上说，它们都已通过本国自然条件和地方文化多样性的考验，从历史上传承至今。如果国家政府不考虑这些社会文化传统，硬性地向农民推行统一化的现代农业科技政策，如让地主停止租地改为养羊，或者让农民租户放弃传统耕作技艺改用新技术等，都会遭到强烈的反抗。如果双方达成一致意见，那么现代农业科技就会变成强势工具，协助政府推行新的社会秩序，并将非主体的农民群体引入服从新秩序的轨道上来。

---

❶ Bray, op. cit. (14).

（五）两种农业社会系统

在现代社会中，很多国家的土地已被少数权力者和国家经济命脉所控制，国家农业成为国家管理的工具，国家文化价值系统中的共享与竞争机制已被内码化。❶ 但是，世界上还有另一种长期延续的农业国家系统，如中国的宋元明清社会，中国国家政府和地方社会对农业技术选择的结果，呈现出集权农政管理的象征性与地方多元物质活动的两种重要性，上层统治阶级动员一切力量，持续地维持这两种重要性，并将之作为国家管理的首要任务。这让我们看到了两种不同的农业社会系统。从下一节起，我将重点讨论中国宋元以后的农业社会管理系统与科技活动。

---

❶ 当代美国的情况，例如，E. Schlosser, *Fast Food Nation*, New York, 2001; and for the contrast with France see Bray, op. cit. (14).

宋元以后的国家农政科学

　　现代社会的某些做法已得到普遍认同，如国家政府在推动农业科技进步方面起到至关重要的作用，但这是比较晚近的现象。在19世纪之前，世界上大多数国家虽然都有农业经济，却几乎没有任何国家是将农业技术作为管理要务的。在19世纪之前，西方也没有哪个国家在促进农业生产和传播农业知识方面有所作为。❶

　　但是，在另一个农业国家——中国，早在10世纪，即本书所要讨论的宋代，政府就已具备推广农业技术的强烈意识，并将鼓励农耕和传播农业知识当作核心管理工作。

---

❶ 美国于1836年在专利委员会办公室之下初步设立了农业分部，作为该机构的一个分支机构，此为这项工作发轫的标志。

中国宋元社会是怎样产生"农业科学"❶的呢？中国是一个盛行刻印书籍的古老国家，在历代典籍文献中，都贯穿着崇"农"和以"农"为本的观念。宋元社会以后，政府强调以农立国，重视推广实用农耕技艺❷。中国农业生产的物质化知识已经长期被内码化，广大农民都能在日常生产活动中加以熟练地运用。关心农业生产技艺的文人学士对各地的农业知识和应用技艺做了总结工作，撰写了各种农书，流传到后世，至今还能看到。农书有官修和私修两种，都产生了长远影响，也都促进了中国社会后来的发展。在中国的农业科学知识系统中，某些特殊知识资源和农业技艺种类，还成为国家集权管理与全面推广的重点。

在这里，我要提出的问题是，中国历代政府关心的、并认为有益于农业生产的具体知识是什么？哪些知识通过政府颁令的渠道被推广到农耕生产技艺中去，并增加了农

---

❶ 关于"农业科学"等技术词语的演变，包括其系列术语、句法与含义构成的研究，参见 F. Bray, ' Tecniche essenziale per il popolo', in *La Scienza in Cina*, in Enciclopedia internazionale della historia della scienza (ed. K. Chemla, F. Bray, Fu Daiwie, Huang Yilong and G. Me´ tailie´), Rome, 2001, 208-291.

❷ From the classical expression of jingshi jimin, '*to manage the realm and aid the people*'.

业知识？农民对政府提倡的农业知识怎样做出选择，以及怎样将政府知识重新组配和给予内码化？这种内码在何种目标下被破解成功，转化为物质化的新知识，推进了新技艺的发展，并发明了新的人工物？政府推广的农书只是单纯地记载农耕技艺知识，还是有其他农业专家或民间热心人士的参与，也记载了农业生产新知识的创造活动？

本节拟采用记载中国农业科学知识的历史文献为研究对象，重点使用三部官修农书，对上述问题进行详细的讨论。这三部农书的刻印时间是1250年至1650年，相当于中国的南宋末年至清初。我也将选择大约同时期刻印的地主撰写的私修农书，将官修农书与私修农书相比较，分析它们的异同，揭示农书作为国家农业科学知识载体的一般特征，同时对中国政府重视农书的意识形态做出分析。

一、国家农业科学知识的含义

我从梳理中国国家农业科学知识的意义框架开始讨论。这个意义框架，是由中国政府在管理农业科学技术的过程中颁布的一系列历史文献所呈现出来的一个框架。在这个框架中，我们可以发现，在中国的农业科学知识、农业生产物质化活动，以及政府需要发布的事物或事件之间，存在着怎样的关系。

中国历代经籍以"农"为知识系统的核心（汉字中的"农"是多义字，包含农民、农业、农业知识和农政等多种含义）。"农"是中国国家政体的基础。农业盛世是中国历代帝王追求美政的理想蓝图。在这个意义框架中，政府提倡民本思想、关心民生民瘼，维护小农生产阶级的利益。政府按照农业生产的实际收成确定每年农户纳税的数量（正常年份的税额为当年收成的十分之一，灾年会减税或免税），农业税是国家收入的主要来源。❶ 这个农业国家强调巩固农业根基，但不是指单一的经济基础，而是指全社会的政治思想、伦理道德和社会秩序的整体基础。

南宋时期的《耕织图》描述了这幅图景。画面上水利纵横、沟洫交错、桑稻密织，耕作勤劳（图1）。这正是中国农业社会生活的缩影。中国古代哲学思想所

---

❶ See R. B. Wong, *China Transformed : Historical Change and the Limits of European Experience*, Ithaca, 1997, 90.

图 1 《稻田施肥》(取自木版套画《耕织图》,最早为这组套画题诗的是南宋临安县令楼璹,1145 年,楼璹将自己的诗献给皇帝,深得上心。后世此图又重印多次。本图为乾隆钦赐《耕织图》中的一幅,时间为1742 年。)

主张的阴阳平衡、政通人和，都在《耕织图》中有所体现。❶

劝农，是中国历代帝王公卿的大任。统治者集团还要全面实施这个重任（包括增加国库储备和维持社会秩序），建立一个政治、经济和军事管理的安全责任保障系统。在这个责任系统的背后，起到思想支撑作用的，是统治阶级所奉行的宇宙观和道德伦理观。在他们看来，政府官员要以民为本，就要苦其心志、劳其筋骨、勤政"利民"。官员还要率领农民抵御自然灾害，排除经济风险，抑制地主乡绅的剥削行为，提高农业生产力，帮助农民执行社会契约，达到国富民安的目的。❷ 他们还认为，"仓廪实而知礼节"，成功的农政管理有助于国家向百姓

❶ F. Bray, ' *Instructive and nourishing landscapes: natural resources, people and the state in late imperial China* ', in *A History of Natural Resources in Asia: The Wealth of Nations* (ed. G. Bankoff and P. Boomgard), New York, 2007, 205-225. 约在 9 世纪之前，中国华北平原的旱田收成一直是国家赋税的支撑，公元 9 世纪之后，天平开始向长江下游诸省与其他南方省份的稻田倾斜。宋代以后，南方稻农缴纳的稻米成为国家的主要粮食来源和皇帝财富的主体构成部分。

❷ W. T. Rowe, *Saving the World: Chen Hongmou and Elite Consciousness in Eighteenth-Century China,* Stanford, CA, 2001.

灌输尊人伦、别男女和力勤耕的理念❶。在中国两千余年的农业社会中，劝农的伦理政治观，与相应的农耕仪式和实践，始终贯穿于国家管理体系中，通过各种政府管理事务体现出来，这对于培养国家官僚系统的正统农政意识起到积极的作用。❷

中国古代哲学有天、地、人"三才"之说。按照这种哲学宇宙观，人是天地间的灵物，农是顺天命、尽人事之实践。人在天乾地坤中生存，就要遵天时、循地利、求人和，赢得风调雨顺的好年景。政府遵循这套哲学宇宙观，重视提升农民应用农耕技艺的水平，鼓励发明农机具，号召争取农业丰收。政府也重视改善地方农业管理能力，加强地方农用基础设施的建设，不断调整地方

---

❶　例如，从王祯《农书》的《孝弟力田篇》（在《农桑通诀集之一》，王毓瑚校注本，北京：中国农业出版社，1981，第 17-19 页.）中可以看出，中国古代社会的统治阶级认为，训诫孝悌与耕织两者都是化民治国之道，如此百姓不仅能够顺从地缴纳赋税，而且能够做到敬尊长、尚孝友、别男女、明是非，以耕织为本，美化风俗。S. Mann, ' *Household handicrafts and state policy in Qing times*', in *To Achieve Security and Wealth : The Qing Imperial State and the Economy* 1644-1911 (ed. J. K. Leonard and J. R. Watt), Ithaca, 1992, 75-95.

❷　 I discuss the intertwining of ritual or symbolic with materialist strategies in Bray, op. cit. (21).

农业政策。❶

中国政府依托基层社会，加强基础农业政策，为发展实用农业技艺提供了极为有利的社会条件。中国的皇帝、朝廷百官和政府典章制度都向农业靠拢，积极参与农政活动，参加农事仪式，贯彻民本思想。这个国家自上而下，从"民"和"农民"的利益出发，推动了农业技艺知识的生产、传播和利用。农民是质朴的，又是脆弱的和未受过学校教育的人群，他们没有其他谋生手段，只能依靠农业技艺和日常经验维持生活。政府官员的职责是训导农民从事农业生产❷，主要

---

❶ 关于这个问题，详见以下对徐光启农业思想的讨论；关于"人工"概念的研究，参见李伯重（Li Bozhong），*Changes in climate, land and human efforts: the production of wet-field rice in Jiangnan during the Ming and Qing Dynasties*', in *Sediments of Time: Environment and Society in Chinese History* (ed. M. Elvin and Tsui-jung Liu), Cambridge, 1998, 447–486, and in particular the passage he quotes from an essay by Lu Shiyi (1611–1672) on intensive farming techniques (448). See also D. Scha̋fer, ' *The congruence of knowledge and action:* the *Tiangong Kaiwu* and its author Song Yingxing ', in *Chinese Handicraft Regulations of the Qing* Dynasty: *Theory and Application* (ed. H.-U. Vogel, C. Moll-Murata and Song Jianze), Munich, 2005, 35–60, for an extensive discussion of theories of the relations between cosmos and human action.

❷ 事实上，被纳入这套训诫系统的对象，包括地主及其大量雇农（下面将继续讨论）。Shiba Yoshinobu, ' *Environment versus water control: the case of the southern Hangzhou Bay area from the mid-Tang through the Qing*', in *Sediments of Time: Environment and Society in Chinese History* (ed. M. Elvin and Tsui-jung Liu), Cambridge, 1998, 135–164, 159.

任务有：以各级政府农业主管部门为主导，实施水利管理，扩大垦殖工程，征收和贮藏粮食，控制粮食价格，提供国库储粮和备战救荒；给军士和流民安置屯垦点，在灾年免收赋税和借债；为穷人放粮赈济，补贴生活；政府通过各地的塘报系统，向地方社会发布农业改革政令和推广农业知识信息，安排地方农业生产等❶。

　　中国历代政府刻印和发行了大量推广农业的书面文献，对传播农业知识起到积极作用。在这类书面文献中，有的是帝王诏书和封禅书，有的是官修农书（地主编写的私修农书在后面讨论），有的是记载国家、省域和县域不同层级农耕知识的史料，有的是讲解农耕技艺知识的小册子❷。对这批农业史文献的研究是一项长期的工作。在本书中，我将比较集中地讨论其中的部分问题，如宋代（10世纪左右）已经出现的官修木刻本、商用读本和地方书坊印

❶　See e.g. M. Elvin, *The Pattern of the Chinese Past*, London, 1973 ; P. Golas, '*Rural China in the Song* ', Journal of Asian Studies (1980), 39, 2, 291-325 ; Bray, op. cit. (6); and *idem, The Rice Economies: Technology and Development in Asian Societies*, Oxford, 1986; P. Perdue, *Exhausting the Earth: State and Peasant in Hunan, 1500-1850*, New York, 1987; Li Bozhong, *Agricultural Development in Jiangnan, 1620-1850*, New York, 1998 ; W. T. Rowe, op. cit. (22).

❷　一个有名的例子是，公元1012年皇帝颁布诏令，部署在长江三角洲地区种植生长期短的水稻。参见 Bray, op. cit.（6），492.

制的日用类书等多元传播系统，它们都在生产和传播农耕技艺知识中扮演了不可忽略的历史角色。❶

二、国家农业科学技术文献的结构、
内容与代表作

农书，是系统组织和分类记载自然农业活动的历史书籍。它们能提供认识和传承农业生产社会活动的权威性知识（如本书多次提到的"农政"一词），告诉使用者如何将这种权威性知识转化为物质化的农业活动，以及如何在生产实践中使用这些知识（如前面已多次提到的"技艺"一词），争取农业丰收。农书也是一种社会沟通媒介，它以木刻本的形式，编制农耕技艺知识的内码，再使用农业技艺用语文字和绘图，对这些知识的内容和使用方式加以描述。它假设人们通过图文对看的方式，

---

❶ See, for example, L. Chia, *Printing for Profit: The Commercial Publishers of Jianyang, Fujian (11th–17th Centuries)*, Cambridge, MA, 2002; Hu Daojing, *Nongshu, nongshi lunji* (Collected Essays on Agricultural Writing and Agricultural History), Beijing, 1985.

能够对这批内码进行解码，然后对书中所传达的农耕知识加以还原，在物质化的生产活动中应用。所有的农书，无论官修与私修，都设有"方技""方术"或"技法"等专章，用以专门描述农耕生产中的技艺部分（其中的"方"，指技艺的知识；"法"，指专门的方法；"术"，指技艺本身及其生产程序），这是农书的一般特征。官修农书与私修农书呈现了科学与技艺的差别（其中，科学，指以这种方式，使自然农业知识本身，按照农业生产的自然过程和所获结果，形成农业知识，并加以发布；技艺，指物质社会系统的组成部分），我们通过这两种农书，也可以发现政府与民间两种知识的差别。

（一）私修农书

本节重点讨论官修农书的特征、研究方法与目标。为了更好地研究官修农书，首先需要了解私修农书。为此我们先对南宋以来地主编写的私修农书做简要讨论❶。

私修农书，大多是小册子，篇幅不大，有的只有几

---

❶　例如，关于中国早期的农书，参见王毓瑚主编《中国农学书录》（第二版），北京：中国农业出版社，第二版，1979。

卷而已。作者大多使用补遗或辑补的说法，为前人留下的农书做注，再形成新书。作者一般都会在书前说明，自己根据当地自然条件的实际状况，对前人书籍中的不正确说法加以订正。在这批私修农书中，有一本成书于1647年的《补农书》很有价值。作者张履祥（1611-1674），是一位勤于农业的学士，曾经在长江中下游地区的浙江桐乡县经营一个小农场。

据张履祥介绍，他写这本书的目的是做"补辑"工作，补写的底本是母亲沈氏家族的藏本。沈氏曾在桐乡邻县的归安县务农，留下一本《沈氏农书》。这是一本手稿，记录了江浙一带的农耕技术和地方风俗。张履祥认为，此书的不足，在于没有指出不同县份生产条件的差异和农事生产的区别，而根据不同条件从事不同方式的耕作劳动是农业生产顺利进行的保障，为此他要补充这部书稿。他认为，做这件事是值得的。他在1658年竣稿的《跋》中说，沈氏的讨论，"其艺谷、栽桑、育蚕、畜牧诸事，俱有法度，……深得授时赴功之义"，意思是说，沈氏在这些方面已经写得很好了，不过农耕技艺有主次之分，沈氏写了主要的部分，没有写次要的部分，他可以补写次要的部分，比如，归安的农民用犁开耕，桐乡的农民用锄头翻土，皆因"土壤不同，事力各异"❶，而"校之言说，益为有征"，使用他写的农书，可以注意地方条件的差别与生产方式的差别，增加农书的说服力。

　　并非所有地主作者都对前辈这样客气。1149 年，陈旉的《农书》刊行。这是一本简约而有广泛影响的私修农书。作者记录了长江下游一带的江南桑稻生产技艺，文字典雅、描述细致。但陈旉坦白地说，他写此书的目的是要纠正大名鼎鼎的前辈贾思勰等人的错误。贾思勰的《齐民要术》和其他农学家的著作都有一些"腾口空言"❷，应该予以批评和纠正。还有一位山东籍作家蒲松龄（1640-1715），写了一本《农桑经》，1705 年成书。这是一位擅长储备个人知识的文学家，他也对前人纂修的农书做了补证，增加了山东淄川一带的农耕技艺知识，

---

❶ *Bu Nongshu* (Supplemented Agricultural Treatise [by Master Shen]), hereafter BNS, in *Bu Nongshu Jiaoshi* (ed. Chen Hengli and Wang Dacan), Beijing: Nongye chubanche, 1983.

❷ *Nongshu* (Agricultural Treatise), repr. Beijing: Zhong Hua Book Companl, 1956, 1. Jia Sixie's *Qimin Yaoshu* (Essential Techniques for the Common People), completed around the year 535, was printed and distributed by the Song government and in commercial editions. It offers an outstanding analytical conspectus of farming techniques suitable for dry-land northern farming [Bray, op. cit. (6), 55–59; and op. cit. (18)], but as a northerner Jia was clearly not an expert on irrigated rice.

这本《农桑经》后来在当地民间长期流传。❶

《韩氏直说》，是一本农业生产技艺大纲，成书更早。作者认为，大凡农书都有片面性，书中所说的农耕技艺往往能用于此地，却不能用于彼地，故不能不加以甄别。❷

到现在为止，我提到的农书作者都是地主作者。他们通过各种方式，付出个人的很多努力，对本地的农业生产技艺做了比较具体的记载，所以他们都是大大小小的成功者。这类私修农书的撰写方式也是一种了不起的实践活动。地主作者们记载的地方农耕技艺，如水稻栽培、翻土轮作和对小块土地精耕细作等，都不是只服务于少数地主阶级的知识，而是适用于当地所有农民的普遍性知识。❸他们的写作目的，是要告诫家人、子孙和乡亲，采用最适当的地方农耕技艺，解决本地农业生产中的问题。他们不是通过争取外方资助或购买昂贵机械的方式去发展农业❹，

---

❶　Pu Songling, *Strange Tales from a Chinese Studio* (tr. John Minford), Penguin Classics, 2006.

❷　*Hanshi Zhishuo* (Master Han's Plain Words [on farming]), a work describing northern farming practices which probably dates back to the thirteenth century and has been preserved only in quotations. Wang Yuhu, op. cit. (30), 106-107.

❸　Li Changnian (ed.), *Nongsang Jing Jiaozhu* (Annotated Critical Edition of the Nongsang jing), Beijing: Nongye chubanche, 1982, 3, emphases added.

❹　Bray, The *Rice Economies*, op. cit.(27), 113-116.

而是把手中资源尽可能地集中起来，管理好固定资产，再针对重点需求部分，加强农耕生产的基础建设，获得以少胜多的效果。他们还自己下田劳动，亲自总结经验，获得真知，再写进书里。他们大都主张将私家土地分成若干小块出租，自己只保留很少的自留地。地主把土地交给农民耕种，农民到年底向地主交租，地主与农民合作执行向国家纳税的任务，双方达成社会默契。张履祥写道："吾里田地，上农夫一人止能治田十亩，故田多者，辄佃人种植而收其租。"❶ 他的意思是说，在他的家乡，一个强劳力每年也只能耕种十亩地（相当于 0.6 公顷），包括水田和旱田（桑园不计入其内）。当地每个地主家庭都会这样将多余的土地出租，再收田租为主要生活来源。每遇歉年或灾年，地主和农民租户便会加倍地勤劳耕种，争取把损失降到最低限度。明末江浙农村还有一种给庄稼施养料肥的方法，这种方法能促进粮食增产，如在湖州一带，农民给庄稼施豆饼肥，以增加地力，肥秧壮苗。❷《沈氏农书》解释说，施豆饼肥要比施粪肥"更有力"，但施豆饼肥要掌握

❶　BNS, op. cit. (31), 148 ; see also Bray, op. cit. (6), 29

❷　The wheels of fibrous residue from pressing rape, sesame or hempseed oil were widely sold for fertilizer by the time of late Ming Dynasty.

时机和数量，一旦用料过度，也会造成颗粒无收。❶ 穷人用不起这种养料肥，就要靠占卜祈祷丰收。

中国宋代以后发明了很多小型农业革新技艺，地主和农民都在这类技艺发明上做出了贡献。政府把这些技艺积累起来，推广出去，对稳定农业生产起到了辅助作用。❷ 这里需要提到的一个现象是，在私修农书中，几乎所有技艺发明都是匿名的，这可能与这类书籍来自基层社会有关。据农书作者自述，他们出书的目的，不是指出技艺发明者是谁，只是将这些技艺发明与农业生产的地方差异性联系起来。

地主作者的私修农书增加了哪些作物栽培知识与农民分享？从这类书籍看，作者的普遍做法是，在农耕技艺的广义上下文中，描述具体农作物的栽培法，再将之纳入整体农场管理环节中，而不限于提高单项栽培技术。他们的思路，出自对全部生产过程的整体规划，单项技艺只是整体规划的组成部分。他们通过提高生产技艺能力，探求开源节流的途径，如控制用工量、计算家庭自

---

❶ BNS, op. cit. (31), 148; see also Bray, op. cit. (6), 297.

❷ Li Bozhong, op. cit. (25).

留地的份额，考虑选择承租人的条件，思考不同农作物的巧耕轮种获"利"方法等。将地主与农民的关注问题相比，农民大多关注个人之所得，而不为整个农场改革操心。沈氏还指出，无论农业盈利与否，都要雇用农夫和织妇两种雇工。雇用织妇时，一般以雇两人为宜，这样可年均织绢一百二十匹，每绢一两，值一钱（一两银子的十分之一），一百二十匹绢可得银一百二十两，除去成本用经丝七百两，值五十两；纬丝五百两，值二十七两；以及家伙、线蜡等五两，支付织工饭费十两，共计成本九十两，还能赚得三十两。❶

　　农业管理技艺的一般性原则是超时空的，但在私修农书中，从作者提供的极为详细的史料和对生产利润的精细计算看，当地人在执行一般性原则时都会做灵活变动。有的记载玉米栽培的文献清楚地告诉我们，当地人在尊重一般性原则的前提下，都要讨论种植玉米如何适应本地条件，以及相关农舍在本地选址适宜性和破土动工的特定时间等。面对千差万别的不同，为了使用农书的实际便利，地主作者在编排农书体例上，大都采取高度地

---

❶　BNS, op. cit. (31), 76–77.

方化的形式，按照月令系统，逐月记述本地农业生产与生活信息。在这套月令系统中，农业耕种、作物栽培、农民的民居建造、生产的岁时节令，以及围绕农耕技艺开展的社会活动等，构成了一种生动而全面的整体历史。在地主作者看来，他们撰写农书所面向的人群，正是当地的农民，家庭子女，父老乡亲，或者自己的（包括间接的）租户，与其他各行雇工等地方社会人群。❶ 这种农书的内码，被假设为编制简单明了，地主作者们只要反复地、不厌其烦地描述农耕方法与农具使用细节，配以现场劳作的绘画和农具结构的平面图，就可以达到传播农业知识的目的。从中国农书文献的分类来看，私修农书提供了大量农耕技艺知识和地主作者亲身参加劳动的实际经验，又将这些地方知识和个体生产经验文献化，这对政府颁诏或官修农书所普遍推广的、并非针对一地一己的农业生产技术给予必要的补充。私修农书的地位也因此得到确立。此外，由于私修农书是官修农书的补遗著作，所以私修农书作者的态度也都相当谦卑，纷纷

---

❶ See Pu Songling above; Jia Sixie said he wrote his work ' for the youngsters in my family' [Bray, op. cit. (6), 56]; Zhang Lüxiang said he composed his for the benefit of neighbouring farmers [BNS, op. cit. (31), 9].

表白自己是不得已而为之。实际上，私修农书的流通，也均不使用正统木刻本，而是以手抄本的形式流传❶，但它们已成为富有地方特征和历史价值的农业文献。

（二）官修农书

在政府系统内产生的官修农书，与私修农书相反，都是大张旗鼓地、全面彻底地宣传政府下达的农业政令和农业知识，并在这一前提下说明可以因地制宜地利用。官修农书以正统木刻本印行，在全国范围内广为散发，借助这种途径，将中央政府的农政管理政策变为地方社会的普遍行动。对于朝野百官和广大农民来说，官修农书就是官方训令，各级官员要遵照指令，履行管理职能，提高各自地方辖区内的农业生产水平；广大农民则要遵守官方农书的规定，掌握农业生产规范和农耕技艺标准。

---

❶ See Wang Yuhu, op. cit. (30). Seven manuscript copies of *the Nongsang Jing* are still extant [Li Changnian, op. cit. (35), 5]. Even in manuscript, some landowner treatises proved successful further afield. On Chen Fu's treatise, see below. The *Bu Nongshu* became popular in Anhui and Jiangxi as well as the Yangzi delta [BNS, op. cit. (31), 1].

　　将官修农书与私修农书相比，在描述农田管理和种植栽培方面，官修农书的结构体例、传播效益和教育功能都有明显的不同。官修农书在全国农政一盘棋的大格局下阐述农耕技艺，其中有两部分内容相当丰富：第一，国家农政意识形态与宇宙观系统（此点上面已有所讨论）；第二，全国农作物品种与种植技术的地区分布。官修农书设有农耕技术专章，介绍耕垦治田的方法与标准（如对水田、旱田、梯田和荒地等不同土地资源类型的利用原则），水利灌溉工程的修建与管理标准，公共谷仓的建筑与监理巡视的安置，以及储粮备荒的规定等。在政府公共事务中，有关农政制度、农业知识和农耕技术的规定形同法令，占据核心地位。可以看出，官修农书阐述农耕技术，不是用来培训各级地方官吏直接从事农业生产，而是向各级官僚提供教育和培训农民的社会资源，同时也要求各级官员执行对书中记载的农业知识的解码工作，再将之转化为适合地方农民采纳的、物质化的具体实践，直至产出物化的劳动果实。在官修农书中，还经常出现有关流动匠作一类的中介用语，鼓励对使用农业技艺进行革新。

　　需要指出的是，对于官修农书的使用，政府系统的农学家大概会认为，在政府权力化的官修农书下达各地后，各地会纷纷效仿。以农耕时间管理为例，官修农书推行官方历法，地方社会沿用本地月令习俗。在官修农书下达后，政府系统的农学家可能会认为，地方社会能痛快地接受官方历法，放弃地方月令习俗。[1] 事实上并非如此。在官修农书下达后，各地依然按照月令执行生产活动，还会对官修农书中一些生产程序作地方化的调整。另一方面，官修农书也不排斥对地方知识的介绍，如在介绍种稻知识时，也说明稻作品种的多样性，各地水稻具有不同的生长习性，不同品种的稻子在选种、播种、移栽和收割方面的不同要求，结论是要根据各地条件进行水稻栽培，可见地方化问题虽为老生常谈，但官修农书并未完全回避。

官修农书的一个叙事策略是被地方社会普遍使用的，就是它所提倡的在新开土地上从事移栽种植。这一叙事

---

❶ See, for example, WZNS, op. cit. (23), 6-12; Xu Guangqi, *Nongzheng ·Quanshu* (Complete Treatise on Agricultural Administration), 1639, in Shi Shenghan, *Nongzheng Quanshu Jiaozhu* (Annotated Critical Edition of the *Nongzheng Quanshu*), 3 vols., Shanghai: Shanghai Guji Press, 1979 (hereafter NZQS), 225-253.

策略得到了广泛的社会认可，并被文献化。在先期执行
此策略的地区（此指较早尝试移栽作物的地区），此策略
还被敦促推广。它的文献化过程，从书面记载看，是政
府允许各地根据不同条件做出调整，包括可以根据各地
环境选择所需要的知识，采用适合本地的技术，在本地
经验的基础上提出移栽方案，也鼓励各地经验进行比较，
得出比较普遍的适用原则。官修农书如此推行农业技艺
策略，就使它能最大限度地发挥作用。

可以肯定地说，在中国两千余年的漫长农业史中，
政府的劝农思想与方法会遇到很多挑战，并已产生很多
变化。从中国农业史文献看，至少自北宋时期至晚清
（公元 1100 年至 1800 年），在长江三角洲一带，在推广
水稻栽培技术上，就有明显的变化。水稻栽培技术产自
江南地区，后来被推广到南方大部分地区，从长江流域
平原到周围广大地带，乃至丘陵和山区，后来到处都是
稻田，连偏乡僻壤和旱田都种上了水稻。❶

在战争和自然灾害过后的恢复和平时期，人口增长

---

❶ M. Elvin and Tsui-jung Liu (eds.), *Sediments of Time : Environment and Society in Chinese History*, Cambridge, 1998 ; Bray, op. cit. (21)

迅速，农耕土地负担加重。中国政府在这种情况下会引进农作物新品种，增加改革农业技艺的力度，扩大农业生产规模，促进粮食增产。政府有时也采用移民补贴政策，将内地人口迁往边疆地区或人口较少的省份，鼓励垦殖新荒，缓解政府的压力。❶

中国政府在应对旱涝灾害导致的农业歉收，大多会采取修建公共粮仓和疏通粮道的社会政策。在农民起义兴起的年代，在外来势力入侵之际，或者在朝代更迭之后，会发生大面积耕地毁坏、良田弃置、人口锐减的危机❷，中国政府这时选择的对策是安置流动人口，落实定居地，向流动人口提供原粮、种子、耕牛，借贷和加强农业技术指导。常见的后续现象是，社会危机刺激了农业新技术发明的产生，官修农书对此做了丰富的记录。下面将讨论几个个案。

---

❶ Often farmers would take these steps on their own initiative, but almost invariably the state would play an active supporting role.

❷ As well as the examples discussed here, see also F. Bray, '*Agricultural illustrations: blueprint or icon*？', in F. Bray, V. Dorofeeva-Lichtmann and G. Me´ tailie´, *Graphics and Text in the Production of Technical Knowledge in China: The Warp and the Weft*, Leiden, 2007, 521‑567, on the scroll painting *Gengzhi Tu* (Ploughing and Weaving Illustrated) as a response to the loss of the northern provinces by the Song government in 1127.

1.《农桑辑要》与载木棉法

元代兴建之前，中国北方诸省已遭受了数十年战争的严重破坏。1271 年，元世祖忽必烈在其新政系统中成立大司农司，该司编纂了一部新的综合性农书，此书对改善元代的农业生产格局发挥了重要作用。❶

1273 年，由大司农司官修、孟祺、苗好谦和畅师文参与编撰的《农桑辑要》竣稿。该书很快由朝廷刻印，向朝官和全国各地主管农业的官员直接颁发。对今人来说，它有一个极为重要的价值，就是提供了元代实行"载木棉法"❷ 的消息。

棉布曾在数世纪中作为奢侈品向中国进口，但直至元初推行种棉之前，中国人并不看好棉花，他们更喜欢穿用麻

---

❶ The southern Chinese provinces were not incorporated until the Yuan defeat of the Southern Song dynasty in 1279.

❷ *Nongsang Jiyao*, Chapter 2, quoted in WZNS, Chapter 10 [op. cit. (23), 160-168]. The context suggest that this method was introduced from Central Asia. 译者注：此条文献见《农桑辑要》卷二，原著标题为《论九谷风土时月及苎麻木绵（孟祺）》，关于棉花栽种法的介绍，重点看《木绵》一节，关于棉花属外来作物的介绍，重点看《苎麻木绵》节，详见 [元] 大司农司编《农桑辑要》，马宗申译注，上海：上海古籍出版社，2008，第 85，88-94 页。

布与丝织物。当时中亚国家的纺棉技术已达到较高的水平，中国海南地区也有人能掌握纺棉技术，但绝大多数中国农民仍不知棉花为何物，一些蒙古族的旅行者从外国得知了棉花松软、轻便和耐穿的优点，这对元代统治者引进种棉技术是一个帮助。不过元代政府决心发展种棉业的更深刻背景，是当时产生了全国布匹短缺的社会危机，国内丝织业在连年征战中严重受挫，军队和仆役急需配备布衣。❶

《农桑辑要》简要介绍了种棉技术，包括选土、做畦畛、育种、播种、锄治、浇灌、移栽、结荚、摘棉、纺线和织布。1313 年，王祯的《农书》成书，他指出，当时政府推广种棉技术的目的，是希望在已经种棉的地区，扩大种棉范围；对尚未种棉的地区，可以接受棉花新品种。

1289 年，元政府在南方各省大力推行种棉。王祯指出，福建和陕西等地均已种棉。他也认为，种棉"不夺于农时，滋培易为于人力……可谓不蚕而棉，不麻而布，……可谓兼南北之利也"。他的看法是，中国的南北方都应推广种棉业。❷

---

❶　K. Chao, The Development of Cotton Textile Production in China, Cambridge, MA, 1977.

❷　WZNS, op. cit. (23), 161.

《农桑辑要》的不足是记载了种棉法的信息，却没有介绍具体的种棉技术。政府期待所有地区都种植这种未经普遍检验的新品种，可是并未提供种棉技术，所以也无从推广。各地又似乎需要效仿，农书中硬性要求农民种棉，还指出棉花于 1296 年被增列为纳税产品，政府将为此提供优惠政策，将棉花纳税率降到<u>丝织业</u>以下❶，然而这只是一厢情愿而已，这本全国性的农业指导文献实际承载了一种指令性的、一体化却又空泛的期待。但我们不要忘记，出台此令的背景是中国国内布匹紧缺，上层政令如此向棉花倾斜，也会刺激商家和市场倒向政府一边，让他们盯住棉花的售价，寻找市场运作的机会（后面将详细讨论此点）。

2. 王祯《农书》的《农器图谱》

了解到上述情况，也许我们就不必惊讶，为何在《农桑辑要》之后 40 年成书的《农书》仍然没有对中国的种棉技术提出任何实质性的新东西❷。当然，王祯此著的贡

---

❶ Bray, op. cit. (6), 539.

❷ WZNS, op. cit. (23), 161.

献也不在于种棉技术，而在于王祯提出进一步发展棉花生产的蓝图的重要性。他谈到了在中国南方发展起来的纺棉和弹棉设备（弓、轧棉机、纺车等），指出需要推广这类纺棉农具，并制定相应的发展计划。棉花是一种短纤维作物，要用特殊设备进行加工。中国历史上发明和使用的设备都是用来加工蚕丝的，而蚕丝属于长纤维物原料；现在要用处理长纤维的农具处理短纤维的棉花原料显然不能适应。元代以来，在上海近郊的松江一带，出现了发明新农具的革新活动，推动了制棉业的兴起。王祯还说，但当地人对棉花的产销信息仍不甚了了，故需要加强介绍。❶

　　王祯的《农书》是对解决中国当时国内危机的一种回应。王祯是北方人，但在南方的安徽和江西为官多年，故对宋元之际南方农业衰败的景象感同身受。他在这本书中敦促各级官员重棉兴农，采取一切因地制宜的措施，采用合适的农耕技术和农具，恢复农业生产，促进政令

---

❶ WZNS, op. cit. (23), 416. According to a local scholar, Tao Jiucheng, writing in 1366, a woman from Hainan named Huang transformed the Songjiang economy by introducing these devices in around 1300 [quoted in NZQS, op. cit. (44), 968]. See D. Kuhn, *Science and Civilisation in China*, Volume V: Textile Technology, Cambridge, 1988, for details concerning the development of cotton-processing equipment.

畅通，加紧教化农民。他还在书中介绍了中国多地的耕作方法和农具，提供了很多可以参考的信息和文献。他还对中国南北方不同的农耕技术的交流与转换表现出特殊的兴趣。

王祯的《农书》继承以往农书将高水平农耕技术加以文献化的传统，并加以发展，促进了当时农业知识的传播。他没有创造新知识，但他借助这种文献化的渠道，推广了某些农业知识。从原则上说，他在书中介绍作物栽培法的大多数章节，都是摘录前人之书，而他的贡献是将这些从前散在各处的资料整理成一种比较系统的书面文献，如他对陈旉于1149年记录的、已被广为采用的水稻栽培技术予以进一步综合，并重新进行了较为细致的分类，这样就使该技术更容易被各地采用。还有一些耕作技术，经他之手整理后，再行发布，在长江中游乃至更远的南方得到了传播。在一些农业生产发展较慢的地区，他的书也有指导作用。此书在后世有深远的影响。❶

王祯对中国农业科技的贡献，更为重要的是，他在介

---

❶ 虽然后来施肥技术、作物栽培技术和控制灌溉用水技术都有长足进步，但陈旉《农书》中的很多提法后世仍在沿用。

绍个人提倡的农业规划时，对所描述的农业生产景象和农耕器具，大都绘制了平面绘图，作为插图，以图配文，放入书中。他的这种做法，使中国的木版印刷术成为他重新整理、组织和传播农业知识的新媒介，这是他从方法上，对编写中国农书的新发展。中国宋代社会（960-1279 年）使用平面插图的种类已相当丰富，从描述具体农业技艺，到描绘整幅农田景观，再到绘制整个建筑、天文和宇宙知识等❶，令人目不暇给，但王祯是将农业知识插图技术引入农书中的第一人❷。他在自己的《农书》中，专设《农器图谱》章，这是前人没有做过的工作。他在这些章节中，按农田类型、农耕阶段和相应使用的农具分类，编成一个系统化的详目，每种编目皆有与文相配的插图。图中描绘了大量的农具，从犁耙到铁搭，从水磨到石碾，从蚕架到缫丝，无所不有。他还对每种农具的结构要件、制作材料、工艺尺寸与组装方式等都做了详细的说明，每幅绘图都是该农具的立体效果图（图 2）。

---

❶ F. Bray, ' Introduction: *the powers of tu* ', in F. Bray, V.Dorofeeva-Lichtmann and G. Me´ tailie´, *Graphics and Text in the Production of Technical Knowledge in China: The Warp and the Weft*, Leiden, 2007, 1-78.

❷ Bray, op. cit. (47).

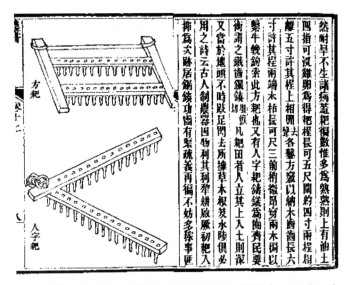

图2　王祯在书中关于耙耱的文字介绍与插图，《农书》，1783年，内务府本，卷十二，第八页 a.

　　关于绘图素材的来源，据王祯的好友兼同僚戴宝元的说法，都是王祯亲自调查所得。王祯访问了当地的许多农民，向他们询问农耕技术与农具的使用方法，他本人也绘制过各种形制的锄头、耒耜和耙耢的图纸，交给农民去制作，书上称此为"使民为之"。此事原是同仁友好闲聊的谈资，却经他的实地调查、比较研究和绘图撰写，成为一种传播农业知识的新方法，在短短几年内便凸显出自身的价值。❶ 不仅如此，王祯也相信这套内码易于破解，可以恢复各种农具的物质形态，促进发明新技术。

木匠是发明与制作农具的关键角色。木匠熟悉农具制造和组装的各个环节和制作技术，拥有解决各种难题的智慧，是破解农书内码的参与者。王祯曾假设，木匠可以根据这些绘图反复制造出各种农具❷。

王祯期待他的著作能像官修农书一样得到重视，可以将先进农耕技术推广到农业生产不发达的地区，也向不会使用农具的地区推广先进的农具，让更多的人了解节省人力与物力的知识和经验，辅助政府改进农业管理效益。他在《农书》的开头多次申明这个观点，例如，在《耙劳篇》中，他介绍了很多种类的耙子，还说明了在不同地区要使用不同耙子的方法。例如，他说，有一种耙子适合在疏松稻田和整理稻田的泥块时使用，能帮助农民将种子播撒到犁过的干土中去，还能保证让土壤覆盖种子，保障种子的顺利生长。他还曾雄心勃勃地宣称，要将全国的耙耖

❶ *Wang Boshan nongshu xu* (Preface to Wang Boshan's Agricultural treatise), in WZNS, op. cit. (23), 445.

❷ For example the ' very complicated ' rotating mechanism of the pallet-chain water-pump, WZNS, op. cit. (23), 326.

都收罗齐全，"今并载之，使南北通知，随宜而用，使无偏废，然后治田之法，可得论其全功也"❶。他的《农器图谱》对当时能制作的所有耙子都配齐了文字插图❷，尽可能做到无一遗漏。当然，王祯要将中国南北方的农具打通使用的想法是很难实现的，播种的耒耜和除草的耙耖就很难在南北方通用，这是他始料未及的。即便最乐观的地方官员也未做过这种尝试，王祯却忽略了这一点。各地农具皆因地方性的差异而带有自己的个性，每种农具都属于各自的地方农耕技艺系统。一架播种的耒耜能在干燥的北方土地中行驶，却未必能在潮湿的南方土壤中移步。徐光启（下面还将继续讨论）说得也许没错，王祯更像是一个好诗人，而不是一个内行的农民。❸

王祯农书还描绘了加工棉花的器械和工具，包括轧棉机、弹弓、纺车和多组线轴等（图3）。它们都是首次被载入书面文献的。王祯使用了详备的资料介绍它们，连一向苛严的徐光启后来也只是补充了少许注释，而且

---

❶ WZNS, op. cit. (23), 27.

❷ WZNS, op. cit. (23), 205–207.

❸ NZQS, op. cit. (44), 123.

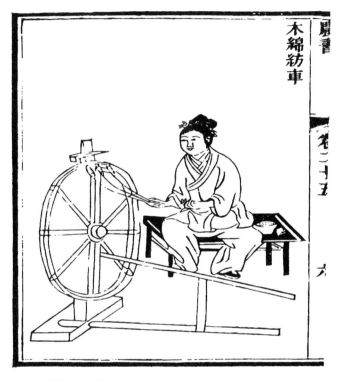

图3　木棉纺车，王祯《农书》，内务府本，1783年，卷二五，第八页 a。

还都是针对操作环节的❶，并没有对纺棉器具本身增加任何条目，这说明王祯搜罗这类农具的全面与勤奋。

我们也许无从了解王祯的《农器图谱》与其他官修农书中插图的实际使用情况，但它们都有可能促进农业技术发明的地方化。各地官员在推行农耕技术时，会将官修农书当做案头必备参考书，也可能在学堂或书院中学习。❷商人和移民也会在传播农具技术信息中起一定的作用，王祯本人也说过，商人在早期棉花栽培方面功不可没。❸

3. 徐光启的《农政全书》与利民思想

最后要讨论的个案是徐光启（1562-1633）。徐光启是中国明代著名的政治家和科学家，为解决政府的危机而发展了新农学❹。自14世纪中叶至17世纪中叶，明代社会

---

❶ WZNS, op. cit. (23), 415-20; NZQS, op. cit. (44), 275-279, and see Shi Shenghan's comments, in ibid.,989-990.

❷ See Kuhn, op. cit. (54), on state programmes for introducing or improving sericultural techniques during the Song, and P.-E. Will, ' Développement quantitatif et développement qualitatif en Chine à la fin de l 'époque impériale', *Annales histoire, sciences sociales* (1994), 49, 863-902, on late Ming and early Qing official schools for teaching textile techiques.

❸ WZNS, op. cit. (23), 414.

❹ C. Jami, P. Engelfriet and G. Blue (eds.), *Statecraft and Intellectual Renewal in Late Ming China : The Cross-Cultural Synthesis of Xu Guangqi (1562-1633)*, Leiden, 2001.

绵延近三百年（1368-1644），进入了一个农业繁荣、人口增长、都市发达、市场扩大和印刷业昌盛的时代。农民在国家经济和国际商业网络中都是稳定的部分。至 17 世纪初，资源变动、气候变迁，打击叛乱者和抵御边境来犯之敌，都使政府遭受巨大的压力，国力空虚。徐光启此时像同时代其他杰出人物一样，积极协助政府排除内忧外患。他奉行"经世致用"的信条，对自然现象和社会问题做了大量综合性研究。在处理各种危机中，最让他不能释怀的是国家的农政管理，一部由他主编的农书巨著《农政全书》在 1639 年他去世六年后问世❶。

徐光启在为这部著作命名时，使用了一个"政"字，这绝非偶然。在《农政全书》中，他从三个层面，指出了"政"的含义："政"，即国家政策、社会经济组织和改革技术能力的社会运动。他在每个层面都提到顾全大局的思想，同时也指出，应该根据各地的"土地之宜，草木之饶"❷，

---

❶　Chen Zilong's preface, *Fanli*, in NZQS, op. cit. (44), 4-5.

❷　Quoted Li Changnian, ' *Xu Guangqi di nongzheng sixiang* ', *Zhongguo Nongshi* (1983), 3, 5. Many of Xu's close associates were similarly concerned with the integration of technical improvements into adminis-trative reforms, for instance in the field of water control [see NZQS, op. cit. (44), 337-382].

劝农力耕。作为农学家的徐光启，在这部书中，还使用了大量的来自基层的、经过实验的、多样化的经验资料，来说明这种辩证关系，其资料之丰富，经验性之突出，达到前无古人的程度。

徐光启是江苏松江府上海县人，他的父亲是一位官场失败者，科场蹭蹬，继而从商，"课农学圃以自给"。徐光启从青少年时代就学会了务农，与他这种家境有关。他出生后不久值家道中落，少小年纪的他便开始下田劳动，很早就接触到农耕知识。在走上仕途后，他游历了大半个中国。每到一地都走访农民，向农民请教农业生产经验并加以记录。他在上海家中有自己的试验田，又在天津城外买了一块水田，他在这两块田上进行南北两地的农耕比较实验。❶

徐光启的一生取得了很多成就，其中比较显著的成就之一就是改进种棉技术。当时中国的农作物以水稻为主，他提倡种稻，也推动种棉。他在《农政全书》中专设《木棉》篇，可见其重视程度。他通过调查研究指出，自

---

❶ F. Bray and G. Me′ tailie′ , ' Who was the author of the *Nongzheng quanshu* ? ', in Jami, Engelfriet and Blue, op. cit. (66), 322–359.

《农桑辑要》以来，国内的栽棉法有了进步；在棉花的施肥技术（棉花需要大量的养料）和增加对不同土壤的适应性方面也有了改进。但各地种棉的技术水平不平衡。他在 40 岁之后曾发表过一篇题为《吉贝疏》的短文，提出，种棉技术比较复杂，农民不好掌握，于是他就把种棉的方法仔细地写下来，以利传播。❶ 后来他将此文收入《农政全书》的《木棉》篇（他生前一直在为这部巨著补充资料）。他还认为，农书在农民中的普及程度是有限的，大多数农民并不识字，没有阅读能力，因而还要将农书要点编成上口的歌谣，加以口头传播，向农民推广选种、早播、间种和嫁种等先进知识❷，做到老少咸宜、妇孺皆知，让先进的农业技术知识在更大范围内产生作用。

徐光启在《木棉》篇中的阐述，像对其他农作物的介绍一样，远不只是单纯说明某一专门技术，而且从宏观上加以概括，总结经验，总揽其成。他调研的经验，对

---

❶　NZQS, op. cit. (44), 975.

❷　NZQS, op. cit. (44), 975. As well as maxims, official agronomists often used simple poems to popularize technical knowledge. Wang Zhen ended each entry in his ' Illustrated register ' with a short ditty of his own composition, or by an earlier official like the famous Song statesman Wang Anshi.

历史上的两个农书系统——官修农书和私修农书提出批评的意见或改进的建议。例如，他指出，孟祺等编写的《农桑辑要》，在介绍种棉方法上有纰漏，现在需要指出其不足，以保证让农民按照正确的方法种棉。他不无调侃地说，也许他的这类建议日后也会被淘汰。❶

徐光启在书中征引了大量文献，其中不乏地方文献。他使用的所有地方文献都经过实地验证，所以可以用来反驳其他农书作者的不当臆测。他曾游历国内各地搜罗资料，又勤于请教，故能指出前人农书与实地情况的不符之处。他在自己的著作中，还提供了关于不同自然环境和不同农耕技术发展状况的谱系图。他对每种生产技术的细节（如修筑、开垦、水法、施肥、营治等）都做了仔细的交代，同时也提出带有普遍指导性的意见（私修农书只能提供地方性的对策）❷，这是很了不起的历史贡献。

徐光启的研究包括改革技术能力和改革社会组织。

---

❶ NZQS, op. cit. (44), 963.

❷ For example the *Nongsang Jing*, quoted in Chen Zugui (ed.), *Mian* (Cotton), Shanghai, 1957, 78. For more examples of Xu's innovations in agronomy, see Bray and Me′tailie′, op. cit. (69).

他认为，所有农耕技术的改进都要从这两方面介入。在这方面，他提出的改革棉花差价的方案就是一个很好的例子。他说，当时中国各地都已实行种棉，但因土质和气候的差异，南北方的棉产棉销并不平衡。北方的棉质最佳，但由于棉纤维在干燥气候中易断，故纺棉劳动一般在气候湿润的南方进行。徐光启的家乡所在地江南松江地区是产棉区，但松江的棉种却要从外地引进。[1]棉商在北方以低价买进生棉，再水运到南方，在南方的长江下游省份纺织，再将棉布运到中国各地或更远的地方销售，赚取各地差价，从中获取暴利。然而，商人的获利是以南北各地劳力的吃亏为代价的。徐光启指出，解决这个问题的办法是让南北各地的农民就地种棉、就地纺棉、就地获利，以降低农民被剥削的概率，政府也能提高宏观调控的能力，做到鼓励种棉、又施惠于民。[2]17世纪初，在河北肃宁一带，农民已可以在地窖中"就湿气纺织"，获得了就地种棉和就地纺棉的成功经验。徐光启描述了地窖的情况，计算出河北肃宁与江南松江在棉

---

[1]　NZQS, op. cit. (44), 964.

[2]　NZQS, op. cit. (44), 970.

产量和运销差价上的地区差，指出，肃宁的棉花产量是松江的"十分之一"，而"其值仅当十之六七"。所以，徐光启提出，政府要对此加大管理力度，制定"轻重经通之策"，调整物流，排除制约棉花推广的种种因素。此外，还应将地方棉产的自给自足能力提升到新水平❶。

在明代晚期，中国各地的农业生产都已进入地方网络或地区间的长线贸易体系，商贸产品统筹集散，市场开放，到处都可以买到稻米和布匹。当年的《沈氏农书》的精于计算，可以反映出小农阶级对于国家出台的米、糖、茶、纸的"利"的关心，而徐光启则像他的同僚一样，充分意识到，在应对大型自然灾害、补充国家紧缺物资和抑制通货膨胀方面，小农阶级是脆弱的，还要依靠国家整体力量，但国家管理不能急功近利，而应该建立农业生产合作系统，推动市场经济贸易活动。他不赞成重农抑商的传统做法，主张实行多样化的间种，如在田间地头种甜土豆和地瓜，间种的农作物可以在丰年用作养猪饲料，在歉年补充人们口粮的不足。他还提出，应改变占用玉米和水稻等大田作物地盘的做法，将辅助

---

❶ NZQS, op. cit. (44), 970–971.

性农作物改到田间地头去种植，或者开展复式耕作，提高农业生产的综合效益。在徐光启和他的同仁看来，对"利"的概念的解释，不能简单地理解为金钱利益，而要提升到"利民"的高度去认识，政府应该拥有"利民"的自觉性，从"利民"的长远目标出发恪尽职守，任何贪图小利的短视行为都会使农业果实毁于一旦。❶

与中国宋元以后其他国家性的科学领域如天文学和历法学等相比，农业科学有所不同，它是一种集体性、累积性的知识生产领域，涉及大量的农政管理活动。与中央集权政府控制的其他一些领域相比，农业科学的地位始终是十分重要的。❷

历代农书作者致谢的对象都是"老农"或"农民"，农民是真正掌握物质化的农业生产活动和具体操作技艺的行家里手。农民将长期观察大自然所得的极为丰富的生产经验，提供给官修和私修农书的作者，使作者获得第一手资料。

---

❶ Bray and Meˊtailieˊ, op. cit. (69).

❷ On the varying forms and levels of state control over astronomical and military expertise through late imperial times see, for example, J. Waley-Cohen, The *Sextants of Beijing : Global Currents in Chinese History*, New York, 1999.

对于政府各级官员来说，他们所承载的期待是掌握和应用农业科学，要为政府农政管理做出应有的贡献。他们搜集和处理地方化的农业技术知识，应加以总结和概括，再对外传播。政府官员都受过精英教育，是能阅读和了解插图农书及其知识编码的专家，他们也能对农书中记载的各种农业技术方法加以总结，巩固农业之本。他们还可以通过向农民和工匠请教的渠道，获得行之有效的实际知识，从而对以往所谓权威说法提出质疑。《农桑辑要》的作者就是通过这种方式，将种棉信息文献化，传播了有价值的新作物知识，并将之推广到全国各地。王祯对农业技术的撰写是另一种思路，他在编写《农器图谱》时，让同僚先行观察农具的组装和使用方式，他本人也参加实地调查，从农民那里获得真知，再将这些知识编码和刻印出版。他认为，那些识字的读者，那些配合他的能工巧匠，那些按照他的设计图纸或改造利用他的图纸制造农器具的雇工们，都可以分享这些知识。他的农器图谱是创新提升的产物，再现了元代农耕技艺水平。农民和工匠根据这些图谱，在各地条件允许的范围内，可以制造农具，促进农业生产。现在我们需要思考的是，是否政府系统的农学家不如私修农书系统的地方信息提供者的数量众多？是否农书记载农业技术不如记载农耕技艺那样丰富多彩？是否物质化的农耕技艺活动及其农具使用系统，在按照另一种图谱解读的方式运行而不为我们所知？

三、国家农业科学的特征与价值

　　科学（与"技术"）的概念，在中国宋元以后的社会文化中，没有与西方同类术语可直接对译的词语。需要指出的是，中国历代农书的作者，包括官修农书和私修农书，都是按照自己的理解，创造发明了很多方法，使大量农业技术和地方的技艺知识得到记载，并形成一个庞大的农业知识系统。他们还发明了记载这类知识的平面插图刻本形式，提炼出推广农业知识的总体原则。这些原则指导人们的行为，形成不同地理区域内或自然环境中的上下文，对物质化的农业活动带来了积极的影响。官修农书与私修农书的作者，在对待农业知识的有用性上，存在着一定差别。官修农书生产权威性的农业技术知识，并适当地提出变通的策略，促进农书知识在全国范围内推广。私修农书侧重编写地方农业技艺知识，并尽可能准确地描述这些知识，以期为地方社会的农业生产服务。两种农书都在中国长期流传，体现了中国政府官员的某种内在需求：他们经常从一省调任到另一省，需要了解不同省份的不同地方文献和农业政策，切实地鼓励农耕。那些参与编写农书的政府官员，他们的初衷，是从农书中选择适合当地的策略，去教导当地农民。农民和工匠是应该得到重视的信息拥有者和行家，他们能检验出科学原则和农书知识的有效程度。农书的作者徐光启等，能把各路意见整理出来，汇集成历史经验，这就为国家农业科学提供了需要解决的问题和需要关注的对象。很多农书作者还表现出超前的思想预见性和自我批评精神。

政府农业科学倾向于发挥文人学士、地主作者和农民工匠的综合作用，鼓励官民合作。政府将这种合作视为建立社会秩序和宇宙观的基础。政府系统农书的应用，也是在官员、地主、农民和一般读者之间循环检验农业科学知识的过程。人们从书坊中购置农书，在农耕生产实践中对其加以有选择地、批评性地使用，再促进产生新的农书。在历代"推广农业"的社会运动中，有学问的地主和有经验的农民成为地方社会的内部对话者，或者成为农书知识建构的不可或缺的伙伴。他们中的一些人还担负了农民教师的角色，被委以在本地人中口传和改进农业技术的重任。正是以上这些因素，把我带进对技术、社会网络和文化价值的思考中，也带进对科学技术的有效性及其与作为政府治理工具的农业科学的关系的思考中。

在现代社会，一体化农业生产模式受到了严厉的批评。斯高特（James C. Scott）提出建议说：不如敦请现代规划设计师们，请他们设计一套简单的人文景观（如美国艾奥瓦州的空旷田野），呈现出有"某种审美性的，可称之为'可视化的现代乡村生产和社区生活的图景'"❶。斯高特还说，美国需要这种合法化的一体性，这样能方便政府进行社会治理。然而过分的简单化的后果，是减少必要的混合要素（如灵活性和扎根实际知识的地方性），减少政府管理的有效性，破坏政府政策的弹性，加速人类适应能力的脆化。

在中国宋元社会以后的农业科学中，对"好科学"的期待，反映了一种平等的、有效的、审美的和明晰的

---

❶　J. C. Scott, *Seeing like a State : How Certain Schemes to Improve the Human Condition Have Failed*, New Haven, 1998, 253, emphasis added.

田园标准。中国星罗棋布的小农业土地奉献了丰饶的、多样化的农产品。这种成就要归功于那些技艺娴熟的劳动者，他们是广大农民的代表。所谓农业的审美性，与中国的农业科学知识一样，是由政府官员、地主、农民和工匠集体参与创造的产品，这种产品可追溯至10世纪，当时中国在农业科学知识合法化和对外传播方面，在技术产品的金融化和物质基础的设施方面，在需要将新思想渗透到新景观的设计方面，都发挥了重要作用。❶ 政府组装这套知识也像描绘人文景观的等高线一样，包含各种不同层次的知识，如农民的地方性知识和农业生产技艺，地主和农民的切身利益和相应的目的性等。在技术的应用实践中，在技术的社会网络方面，一般认为，地主是获利者，地主对"利"的认识与对金钱利润相关；政府要扶助地方农民利益，政府对"利"的认识与提高民生福利相关。政府鼓励农业科学的目标与地主作者提高农耕技艺的目标，彼此有所差别，但这两种目标已在很大程度上被协调起来，在举国以稻作为主的生态环境和农耕系统中获得协调统一。因此，地主无须赶走

---

❶　Bray, op. cit. (47).

租客，也无须挪走大量的农场不动产，他们还可以提取需要的租金。经验老到的农民对农田的了解是与地主一样的。虽然政府有时也干预地主的剥削行为❶，但政府管理与地主农垦秩序之间没有根本性的矛盾。农业科学技术和农耕技艺知识最终都转化为"硬化的事实"。农民、地主和政府官员在农业技术兼容性编码中都是相互关联的要素，他们共同推动了中国农业社会的发展。

我肯定不是提出国家干预农业的重要性的第一人，但是，在中国宋元社会以后，正是这种国家干预，将国家的农业生产实践变为国家治理的积极工具。按照这种农业科学知识框架重新界定核心概念，分析在国家政策的干预下生产自然知识的各种形式，研究被植入人类观念的物质化产品，再建立起各种观念和物质化的农业生产活动之间的联系，可以对本书重点讨论的科学、技艺与技术的概念及其运用做出相对清晰的阐述。我希望我已经说明，在这一方向上的研究成果，能够增进我们对科学与规律的理解，而它们不仅存在于中国，也普遍存在于人类社会的前现代化时期。

---

❶　例如对滥用河滩地与失效水利灌溉工程的管理，参见 Shiba, op. cit.（26）。

附　录

主要参考书目与进一步
学习的阅读文献

Akrich, Madeleine (1993), 'A gazogene in Costa Rica: an experiment in techo-sociology', in Lemonnier: 289-337.

Adas, Michael (1989), *Machines as the Measure of Men: Science, Technology, and Ideologies of Western Dominance.* Ithaca: Cornell University Press.

Basalla, George (1988), *The Evolution of Technology.* Cambridge UK: Cambridge University Press.

Bijker, Wiebe E. 2007. 'American and Dutch Coastal Engineering: Differences in Risk Conception and Differences in Technological Cultures'. *Social Studies of Science* 37 (1): 143-152.

Bray, Francesca (1984), *Agriculture, Science and Civilisation in China* vol. VI pt. 2, Cambridge: Cambridge University Press.

- (2001) 'Technique essenziale per il populo' (Essential techniques for the peasantry), in Krine Chemla, Francesca Bray, Daiwie Fu, Yilong Huang and Georges Métailié (eds) (2001) *La storia della scienza in Cina*, in Sandro Petruccioli (ed) *Enciclopedia internazionale della historia della scienza*: 208−219. Rome, Istituto Treccani.

- (2003) 'Genetically modified foods: shared risk and global action', in Barbara Herr Harthorn and Laury Oaks (eds), *Revising Risk: Health Inequalities and Shifting Perceptions of Danger and Blame*: 185−207. Westport CT: Praeger.

- (2007a) 'Introduction: the powers of *tu*', in Francesca Bray, Vera Dorofeeva-Lichtmann and Georges Métailié (eds) (2007) *Graphics and Text in the Production of Technical Knowledge in China*: 1−78. Leiden: Brill.

- (2007b) 'Agricultural illustrations: blueprint or icon?', in Bray, Dorofeeva-Lichtmann & Métailié: 526−574.

- (2007c) 'Instructive and nourishing landscapes: natural resources, people and the state in late imperial China', in Greg Bankoff and Peter Boomgaard (eds), *The wealth of nature: how natural resources have shaped Asian history, 1600–2000*: 205–226. London: Palgrave Macmillan.

Bray, Francesca and Georges Métailié (2001), 'Who was the author of the *Nongzheng Quanshu*?', in Jami: 322–359.

Chao Kang (1977), *The Development of Cotton Textile Production in China*. Cambridge, MA: Harvard University Press.

Chia, Lucille (2002), *Printing for Profit: the Commercial Publishers of Jianyang, Fujian (11th–17th Centuries)*. Cambridge, MA: Harvard University Asia Center.

Clunas, Craig (1997), *Pictures and Visuality in Early Modern China*. Princeton: Princeton University Press.

Dodgen, Randall A. (2001), *Controlling the Dragon: Confucian Engineers and the Yellow River in Late Imperial China*. Honolulu: University of Hawai'i Press.

Edgerton, David. 2006. *The Shock of the Old: Technology and Global History since 1900*. London: Profile Books.

Elman, Benjamin (2005), *On Their Own Terms: Science in China, 1550–1900*, Cambridge MA: Harvard University Press.

Elvin, Mark (1973), *The Pattern of the Chinese Past*, London, Eyre Methuen.

- (2004) *The Retreat of the Elephants: an Environmental History of China*. New Haven: Yale University Press.

Elvin, Mark and Ts'ui-jung Liu (eds) (1998) *Sediments of Time: Environment and Society in Chinese History*. Cambridge: Cambridge University Press.

Feenberg, Andrew (1999), *Questioning Technology*. New York: Routledge.

Finlay, Robert. 'The Pilgrim Art: The Culture of Porcelain in World History'. *Journal of World History* 9, no. 2 (1998): 141-187.

Flynn, Dennis O., and Arturo Giráldez. "Born with a 'Silver Spoon': The Origin of World Trade in 1571". *Journal of World History* 6, no. 2 (October 1, 1995): 201-221.

Golas, Peter (1980), 'Rural China in the Song', *Journal of Asian Studies* 39, 2: 291-325.

- (2015) *Picturing Technology in China: From Earliest Times to the Nineteenth Century*. Hong Kong: Hong Kong University Press.

Hanson, Marta (1998), 'Robust northerners and delicate southerners: the nineteenth-century invention of a southern medical tradition', *positions* 6,3: 515-50.

Harley, J.B. and D. Woodward (eds) (1994), *The History of Cartography*, Volume 2, Book 2: *Cartography in the Traditional East and Southeast Asian Societies*. Chicago: University of Chicago Press.

Harwood, Jonathan (2005), *Technology's Dilemma*. London: Peter Lang.

Headrick, Daniel R. 2010. *Power over Peoples: Technology, Environments, and Western Imperialism, 1400 to the Present*. Princeton, N.J.: Princeton University Press.

Hegel, Robert E. (2002) 'Images in legal and fictional texts from Qing China', in *Bulletin de l'École française d'Extrême-Orient* 89: 277-290.

Jami, Catherine, Peter Engelfriet and Gregory Blue (eds) (2001), *Statecraft and Intellectual Renewal in Late Ming China: the Cross-Cultural Synthesis of Xu Guangqi (1562-1633)*. Leiden: Brill.

Janousch, Andreas. 2009. "The Censor's Stele: Religion,

Salt Production and Labour in the Temple of the God of the Salt Lake in Southern Shanxi Province." *East Asian Science, Technology and Medicine* 39: 7–53.

Keightley, David N. (1987),'Archaeology and mentality: the making of China', *Representations* 18 (Spring 1987): 91–128.

Kloppenburg, J.R. (1988), *First the Seed: The Political Economy of Plant Biotechnology, 1492–2000*. Cambridge UK: Cambridge University Press.

Knorr–Cetina, Karin (1999), *Epistemic Cultures: How the Sciences Make Knowledge*. Cambridge MA: Harvard University Press.

Lamouroux, Christian (1998), 'From the Yellow River to the Huai: new representations of a river network and the hydraulic crisis of 1128', in Elvin and Liu: 545–584.

Landes, David S. (1999), *The Wealth and Poverty of Nations: Why Some Are So Rich and Some So Poor*. New York: W. W. Norton & Company.

Latour, Bruno (1986), 'Visualization and cognition: thinking with eyes and hands', *Knowledge and Society:*

Studies in the Sociology of Culture Past and Present, 6: 1–40.

- (1987) *Science in Action: How to Follow Scientists and Engineers Through Society*. Cambridge MA: Harvard University Press.

Ledderose, Lothar (2000), *Ten Thousand Things: Module and Mass Production in Chinese Art*. Princeton N.J.: Princeton University Press.

Lemonnier, Pierre (ed) (1993), *Technological Choices: Transformation in Material Cultures since the Neolithic*, London: Routledge.

Li, Cho–ying. 2010. "Contending Strategies, Collaboration Among Local Specialists and Officials, and Hydrological Reform in the Late Fifteenth–Century Lower Yangzi Delta." *East Asian Science, Technology and Society* 4 (2): 229–253.

Lorge, Peter A. 2008. *The Asian Military Revolution: From Gunpowder to the Bomb*. Cambridge UK: Cambridge University Press.

Malinowski, Bronislaw (1925), 'Magic, Science and Religion', in Malinowski, *Magic, Science and Religion and Other Essays* (1948): 1–71. Boston: Beacon Press.

Mann, Susan (1992), 'Household handicrafts and state policy in Qing times', in Jane Kate Leonard and John R. Watt (eds), *To Achieve Security and Wealth: the Qing Imperial State and the Economy 1644–1911*: 75–95. Ithaca, Cornell University East Asia Program.

Marks, Robert (1998), *Tigers, Rice, Silk, and Silt [electronic Resource] : Environment and Economy in Late Imperial South China*. Cambridge: Cambridge University Press.

Marx, Leo (2010), "Technology: the emergence of a hazardous concept." *Technology & Culture* 51 (3): 561–577.

Misa, Thomas J. (2004), *Leonardo to the Internet: Technology and Culture from the Renaissance to the Present*. Baltimore: Johns Hopkins University Press.

Mokyr, Joel (1990), *The Lever of Riches: Creativity and Economic Progress*. New York: Oxford University Press.

Mullaney, Thomas S. 2012. "The Moveable Typewriter: How Chinese Typists Developed Predictive Text during the Height of Maoism". *Technology and Culture* 53 (4): 777–814.

Nagahara Keiji, and Kozo Yamamura (1988), "Shaping the Process of Unification: Technological Progress in

Sixteenth- and Seventeenth-Century Japan." *Journal of Japanese Studies* 14, no. 1: 77-109.

Needham, Joseph (1969) *Clerks and Craftsman in China and the West: Lectures and Addresses on the History of Science and Technology*, Cambridge: Cambridge University Press.

- (2000) 'Introduction', in Zilsel: xi-xiv.

Nelkin, Dorothy and M. Susan Lindee (1995), *The DNA Mystique: the Gene as Cultural Icon*. New York: W.H. Freeman.

Perdue, Peter C. (1987), *Exhausting the Earth: State and Peasant in Hunan, 1500-1850*. Cambridge MA: Harvard University Press.

Pfaffenberger, Bryan (1992), 'Social anthropology of technology', *Annual Review of Anthropology* 21: 491-516

Pomeranz, Kenneth (2000), *The Great Divergence: China, Europe, and the Origins of the Modern World Economy*. Princeton NJ: Princeton University Press.

Rabinow, Paul (1996), *Making PCR: the Story of Biotechnology*. Chicago: University of Chicago Press.

Rowe, William T. (2001), *Saving the World: Chen Hongmou and Elite Consciousness in Eighteenth-Century China*.

Stanford: Stanford University Press.

Reed, Christopher A. (2004), *Gutenberg in Shanghai : Chinese Print Capitalism, 1876–1937*. Vancouver: UBC Press.

Schäfer, Dagmar (2011), *The Crafting of the 10,000 Things: Knowledge and Technology in Seventeenth–Century China*. Chicago: University Of Chicago Press.

Schäfer, Dagmar (ed) (2012), *Cultures of Knowledge: Technology in Chinese History*. Leiden: Brill.

Schaffer, Simon (1989), 'Glass works: Newton's prisms and the uses of experiment', in David Gooding, Trevor Pinch and Simon Schaffer (eds), *The Uses of Experiment: Studies in the Natural Sciences*: 67–104. Cambridge UK: Cambridge University Press.

Shapin, Stephen (1994), *A Social History of Truth*. Chicago: University of Chicago Press.

Shen, Grace Yen. 2014. *Unearthing the Nation: Modern Geology and Nationalism in Republican China*. Chicago: University of Chicago Press.

So, Billy K.L. and Madeleine Zelin (eds). 2013. *New Narratives of Urban Space in Republican Chinese Cities:*

Emerging Social, Legal and Governance Orders. Leiden: Brill.

Staudenmaier, John S., S.J. (1985), *Technology's Storytellers: Reweaving the Human Fabric*, Cambridge MA: MIT Press.

Sun Laichen. 2003. "Military Technology Transfers from Ming China and the Emergence of Northern Mainland Southeast Asia (c. 1390-1527)." *Journal of Southeast Asian Studies* 34 (3): 495-517.

Traweek, Sharon (1988), *Beamtimes and Lifetimes: the World of High-Energy Physics*. Cambridge MA: Harvard University Press.

- (1996) '*Kokusai, gaiatsu* and *bachigai*: Japanese physicists' strategies for moving into the international political economy of science', in Laura Nader (ed), *Naked Science: Anthropological Inquiry into Boundaries, Power and Knowledge*: 174-197. London: Routledge.

Waley-Cohen, Joanna (2000), *The Sextants of Beijing: Global Currents in Chinese History*. New York: W. W. Norton & Company.

Wang, Hsien-chun (2010), 'Discovering Steam Power in China, 1840s-1860s.' *Technology and Culture* 51 (1): 31-54.

Wang, Nan (2013) 'Philosophical Perspectives on Technology in Chinese Society'. *Technology in Society* 35 (3): 165–171.

White, Lynn (ed) (1984), 'Symposium on Joseph Needham's *Science and Civilisation in China*', *Isis* 75: 715–725.

Will, Pierre–Etienne (1998), 'Clear waters versus muddy waters: the Zheng–Bai irrigation scheme of Shaanxi Province in the late imperial period', in Elvin and Liu: 283–333.

Wong, R. Bin (1997), *China Transformed: Historical Change and the Limits of European Experience*. Ithaca: Cornell University Press.

Zelin, Madeleine (2005), *The Merchants of Zigong : Industrial Entrepreneurship in Early Modern China*. New York: Columbia University Press.

Zilsel, Edgar (ed. Diederick Raven, Wolfgang Krohn and Robert S. Cohen) (2000), *The Social Origins of Modern Science*. Dordrecht and Boston: Kluwer Academic Publishers.